像乌鸦一样思考

日本 NHK 电视台《像乌鸦一样思考》节目组◎编著
［日］川角博◎监修　汪　婷◎译

北京科学技术出版社

序　言

从某种意义上来说,《像乌鸦一样思考》或许是一档极其“不体贴”的电视节目。实验者先给出一个令人感到意外的实验结果，观众以为实验者要开始讲解实验现象的原因时，却听到这样一段旁白:“接下来，请大家自己动脑思考一下。今后大家都是爱思考的乌鸦。”

此节目自2013年春季在日本开播以来，反响一直很好。其实，最初我们也担心观众不喜欢这个节目，但好在大部分观众都对它持肯定态度。有的观众说:“看了这档节目后，我经常和孩子们一起做实验并进行讨论。”有的观众说:“因为这档节目，我们夫妻之间的对话变多了。”还有的观众说:“看完这档节目我还是一头雾水。”

“一头雾水”似乎是个贬义的评价，可这不正说明大家在认真思考问题吗？对我们来说，直接接受别人事先准备好的答案或许更轻松一些，但是，直接接受答案也剥夺了我们独立思考的机会。

这档节目的宗旨是帮助大家培养科学的思考方式而非让大家了解科学知识。在筹备期间，我们几乎每周都开会至深夜。我们也会在会上研究、讨论各自准备的实验。虽然会议时间经常因此延长，但现在回想起来，那真是一段愉快又刺激的时光啊。人在觉得不可思议的时候去思考问题，本来就是一件很快乐的事情。

这本书记录了大量观看过节目的观众朋友动脑思考后的想法。希望大家可以通过本书感受到独立思考的意义与乐趣。

日本NHK电视台
《像乌鸦一样思考》节目制作人
竹内慎一

目录

小乌鸦
老乌鸦

两根蜡烛（一）

那么，问题来了！如果将两根长度不同的蜡烛并排摆放在一起并点燃，然后用容器罩住，哪一根蜡烛会先熄灭呢？

蜡烛在燃烧过程中会消耗氧气，当容器中的氧气不足时，蜡烛便会熄灭。因此，蜡烛熄灭的顺序与长度无关，两根蜡烛会同时熄灭。答案是③吧？

你的答案 ☐

理由

大家想好了吗？
我们来实际操作一下吧！

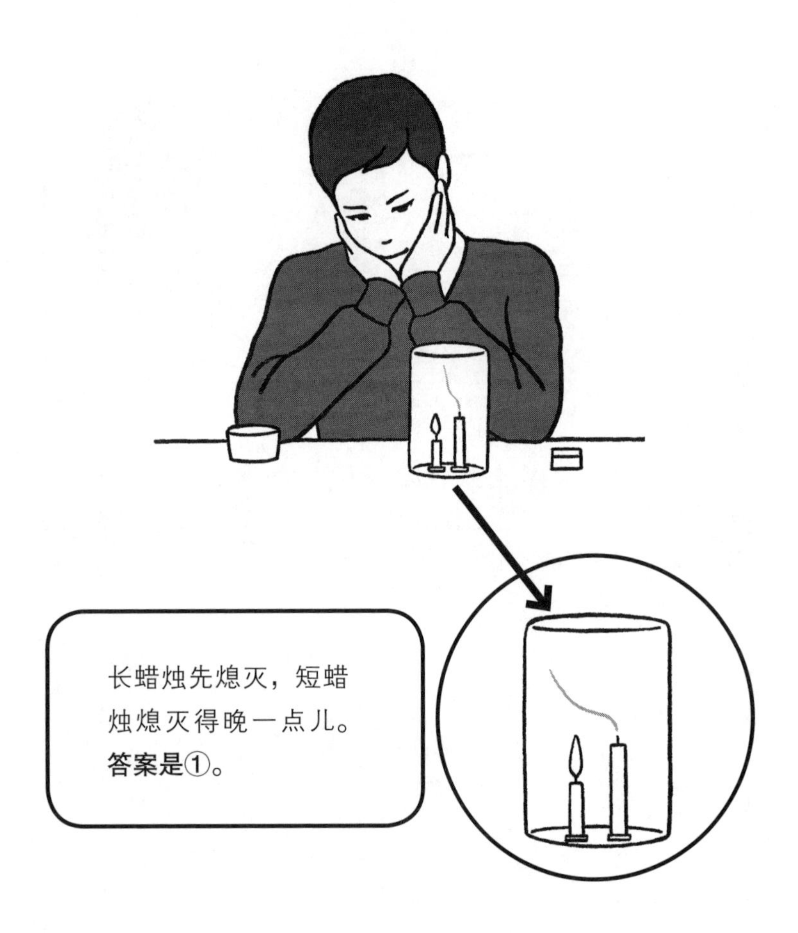
长蜡烛先熄灭，短蜡烛熄灭得晚一点儿。
答案是①。

为什么长蜡烛会先熄灭呢？

关键在于二氧化碳。在一般情况下，二氧化碳比氧气重，但是……

你的想法（如何通过实验进行验证呢？）

大家是怎么想的呢？
我们一起看看大家的想法吧。

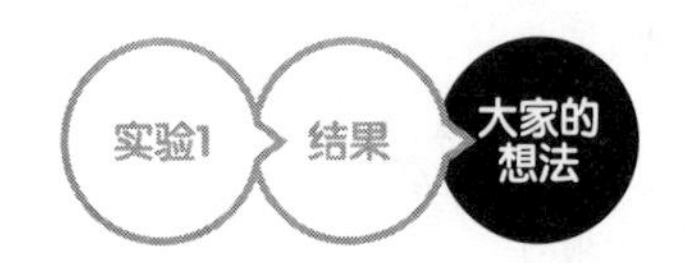

二氧化碳比氧气重。对知道这一事实的人来说，这个实验结果应该出乎他们的意料吧。不过，我们还是先来看看不知道这一事实的朋友们的想法吧。

太凤（小学生）的想法

用容器罩住燃烧的蜡烛后，蜡烛会熄灭，因为蜡烛在燃烧的过程中产生了二氧化碳。我认为长蜡烛会先熄灭，因为蜡烛燃烧产生的二氧化碳遇热会膨胀上升，这样就会有大量的二氧化碳落在长蜡烛的火焰上。

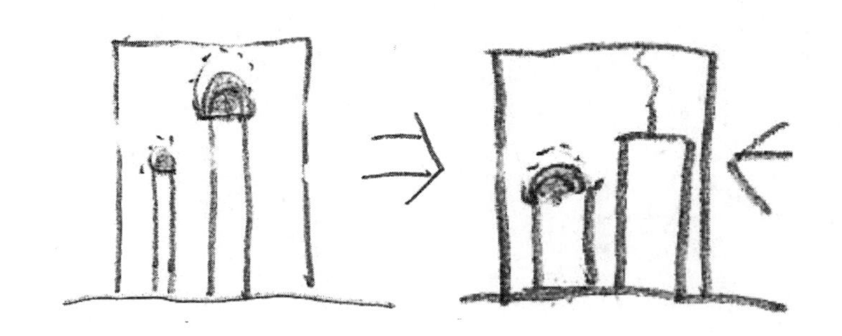

“大量的二氧化碳落在长蜡烛的火焰上”这个想法很不错。这位同学居然还知道“二氧化碳遇热会膨胀上升”这个知识点。但是，真的是二氧化碳让蜡烛熄灭的吗?

Chilichii（小学生）的想法

由高山上的氧气浓度低于高山下的氧气浓度可知，与二氧化碳相比，氧气更重。蜡烛燃烧需要氧气，罩上容器后，蜡烛就无法与外面的空气（二氧化碳和氧气）接触，所以这两根长度不同的蜡烛中较短的那根晚一些熄灭。

这位同学根据人在高山上会觉得呼吸困难得出结论“氧气比二氧化碳重”，也就是说，他认为二氧化碳和氧气在大气中所占的比重会随着海拔发生变化。希望大家先去确认这个前提是否正确。

接下来，我们一起看看知道“二氧化碳比氧气重”这一事实的朋友们的想法。

阿兰（小学生）的想法

因为二氧化碳比氧气重，所以一般情况下二氧化碳在下面，但是当容器里的温度升高后，二氧化碳和氧气的位置就发生了变化——氧气下沉，二氧化碳上升。此时，积聚在长蜡烛周围的大部分是二氧化碳，而积聚在短蜡烛周围的大部分是氧气。由于二氧化碳不能助燃，因此长蜡烛先熄灭。

“容器底部大部分是氧气”这个想法还真大胆！二氧化碳积聚在上面而氧气积聚在下面的情形大概如右图所示吧？这样说来，短蜡烛反而会燃烧得更旺。那要如何验证呢？此外，空气中的其他气体会对实验有影响吗？

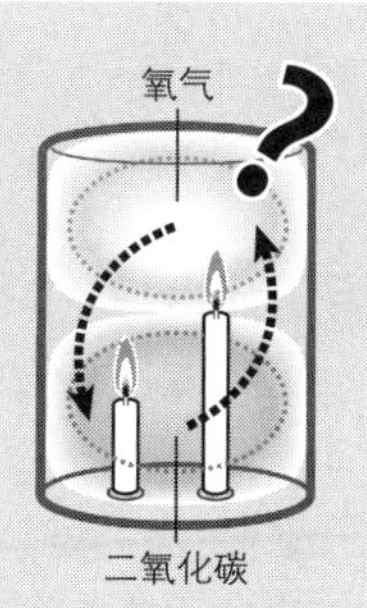

石野（初中生）的想法

氧气和二氧化碳相比，二氧化碳重一些，因此大家容易认为氧气上升会致使短蜡烛先熄灭。但是，我们还应该想到，二氧化碳遇热也会上升。在这个实验中，二氧化碳遇热后上升了，氧气下沉了，因此长蜡烛先熄灭。

想法不错。在比较气体的轻重时，还考虑到了温度的因素。不过，氧气遇热就不上升了吗？

这里我们一起复习一下相关的物理知识吧！我们在学习“加热空气的方法”时应该做过“热空气上升”实验。我们学习“物体的燃烧与空气”时做过的“蜡烛熄灭时的氧气浓度”实验也证明了氧气遇热会上升。

蜡烛燃烧的条件

蜡烛燃烧时产生的二氧化碳会与空气中的氧气激烈冲撞。当氧气浓度下降至约17%时，蜡烛便会因氧气不足而熄灭（蜡烛燃烧前容器里的氧气浓度约为21%），但是人在这个氧气浓度下是可以生存的。因此，人手持点燃的蜡烛进入洞穴后，蜡烛如果熄灭了，就意味着氧气变稀薄了，这样人就可以预知危险，从而避免因缺氧而晕倒。虽然蜡烛燃烧会消耗氧气，但是氧气并没有减少太多，而原本占比极低的二氧化碳却因为蜡烛的燃烧浓度增高了不少。这样看来，能够吸收二氧化碳进行光合作用的植物好厉害呀！

老犬安迪的父亲（50多岁）的想法

我知道“二氧化碳比氧气重”这个知识点。但是，这个知识点成立的前提是温度相同。蜡烛燃烧时产生的二氧化碳是高温气体，此时的二氧化碳比氧气轻，因此容易积聚在上方，于是长蜡烛先熄灭了。

科学的思维方式要求我们在对某一现象的成因进行分析的时候充分考虑此现象发生的环境因素。

谷口（大学生）的想法

蜡烛燃烧会消耗容器里的氧气并产生二氧化碳。二氧化碳比氧气重，一般会积聚在下方。但是，在这个实验中，蜡烛燃烧产生的二氧化碳比容器中氧气的温度高、体积大，因此，单位体积的二氧化碳更轻，二氧化碳就会上升。当长蜡烛周围积聚了大量二氧化碳时，它就会因氧气不足而熄灭。

这位同学说出了蜡烛熄灭的过程，他认为蜡烛熄灭是因为氧气不足。

Kirikiri（40多岁）的想法

从蜡烛熄灭后产生的白烟可以很明显地看出，蜡烛燃烧产生的二氧化碳上升了。

我观察到，白烟先笔直上升，然后在容器顶部靠下一些的位置呈圆形扩散开来，之后又朝着容器底部笔直下沉。看起来特别美。白烟在到达容器底部之前为什么会如此漂亮地散开呢？

佩服佩服，您的观察力实在太强了！白烟扩散的过程确实很美。划火柴以及蜡烛熄灭时我们都可以看到白烟上升。但是，仅凭这一点依然无法断定二氧化碳遇热上升是长蜡烛熄灭的原因。

那么，我们该如何验证呢？

请大家再深入思考一下：
在含有80%的二氧化碳和20%的氧气的容器中，
蜡烛能否燃烧？

实验2
结果
大家的想法

托盘与气球(一)

这个实验与托盘和气球有关。我们知道，左手拿着气球，右手拿着托盘，同时松手，托盘会先下落，气球随后缓缓下落。

那么，问题来了！如果我们把气球置于托盘上，松手后，托盘和气球会怎么样呢？

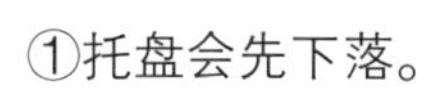

①托盘会先下落。

②会一起下落。

③托盘会下落，气球会上升。

在最初的实验中，我们看到，重的物体下落得快。那么，把气球放在托盘上，气球的质量并没有发生变化，答案是①吧？

你的答案 ☐

理由

大家想好了吗？

我们来实际操作一下吧！

实验2
结果
大家的想法

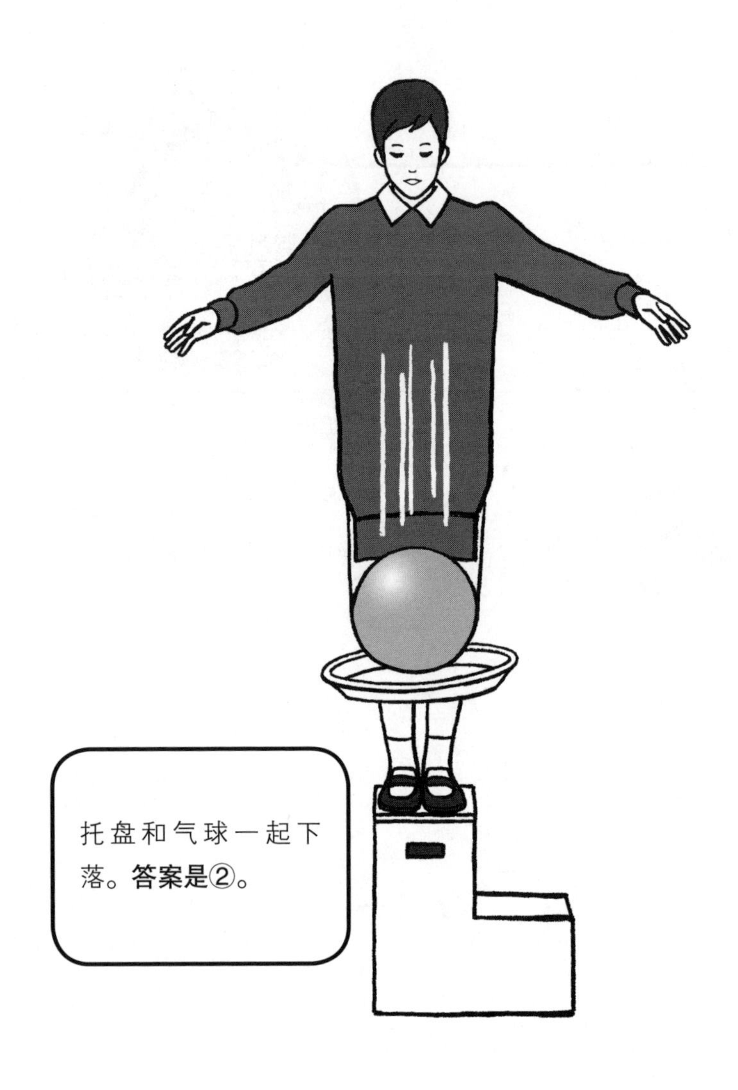
托盘和气球一起下落。**答案是②。**

为什么托盘和气球会一起下落呢？

如果不将气球置于托盘上，气球会自己缓缓下落，这是因为空气对运动的物体产生了阻力，托盘比气球……

你的想法（如何通过实验进行验证呢？）

大家是怎么想的呢？
我们一起看看大家的想法吧。

大家在物理课上学过“在忽略空气阻力的情况下，物体下落的速度与物体的质量无关”。气球比托盘下落得慢是因为空气阻力的作用，似乎很多人都认为将气球置于托盘上便会消除或减小气球下落时所受的空气阻力。

哲部（小学生）的想法

气球比托盘小，托盘把气球遮挡住了，气球几乎不会受到空气阻力，因此气球会以与托盘相同的速度下落。

这位同学的想法是没有空气阻力的话，气球也会迅速下落。那么，也许我们可以尝试改变托盘和气球的大小或材质，然后通过实验验证。

铃木（小学生）的想法

因为托盘挡住了空气，所以作用在气球上的空气阻力便几乎不存在了。我觉得只要托盘把空气挡住，气球就可以像托盘那样下落了。

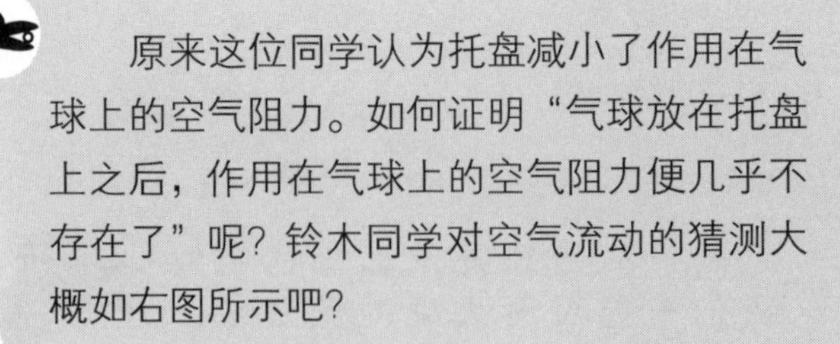

原来这位同学认为托盘减小了作用在气球上的空气阻力。如何证明“气球放在托盘上之后，作用在气球上的空气阻力便几乎不存在了”呢？铃木同学对空气流动的猜测大概如右图所示吧？

质量会影响下落速度，这是真的吗？

伽利略·伽利雷在比萨斜塔进行的铁球与木球同时落地的实验非常著名。但是至今没有任何记录表明这件事真实发生过，科学史研究者们认为伽利略·伽利雷并没有在比萨斜塔上做过这个实验。

有一个非常著名的思想实验（不使用实验器材，仅在脑海中进行的实验）：假设同时松开一个较重的物体与一个较轻的物体，较重的物体下落得快；这两个物体绑在一起后质量会变大，那么应该下落得更快；但是，较轻的物体下落得比较慢，所以两个物体绑在一起后下落速度应该不会变快。这便产生了矛盾。

你该如何验证物体下落速度受质量的影响呢？请你把自己当成伽利略·伽利雷，进行下面的实验。

- 准备两张相同的纸巾，将一张纸巾展开，将另一张纸巾攒成一团，分别放在左右手上，然后同时松手任它们下落。
- 一只手拿着水平摆放的垫板，另一只手拿着比垫板轻一些的铅笔，同时松手。

善积（大学生）的想法

所有物体都会以相同的速度下落。两只手分别拿着气球和托盘，同时松手后，托盘先下落而气球缓缓下落是由于空气阻力的作用。把气球置于托盘上后，只有托盘受到空气阻力而气球不再受到空气阻力，因此，气球的下落速度应该比托盘的下落速度快，但是由于气球置于托盘上，因此两者同时下落。

这样啊，假如“气球的下落速度比托盘的下落速度快”，那气球是在挤压托盘吗？如果是，那么当气球置于托盘上时，它们整体的下落速度会更快吗？希望大家通过实验进行验证。

r0213640（大学生）的想法

刚下落时，物体受到的重力大于物体受到的空气阻力，因此，物体在下降的过程中呈加速状态。经过学习我们知道，空气阻力与物体下落速度的平方成正比。当物体受到的重力与空气阻力相等时，物体便会停止加速，开始匀速下落。所以，同时松开手中的托盘与气球，托盘会先下落，因为托盘的质量比气球的质量大，因此托盘受到的重力也大，气球受到的重力与空气阻力变得相等需要的时间要长一些。在这段时间里，托盘会一直加速下落，所以托盘会先下落。

气球和托盘同时下落，是由于撞上托盘的空气流动时绕开了托盘，因此托盘上的气球几乎不会撞上空气。此时的气球比单独下落时受到的空气阻力小，气球受到的重力与空气阻力变得相等需要的时间变长了，因此，此时气球比单独下落时下落得快。结果便是与托盘的下落速度相同或者比托盘下落得更快，而气球又置于托盘上，因而托盘与气球会同时下落。

在此需要验证的是气球是否会因托盘而不撞上空气。为了让空气的流动清晰可见，可以利用线香等做实验。例如，将托盘置于线香燃烧后产生的烟之上，然后松手，观察托盘下落时烟撞上托盘后的流动情况。

这位同学的想法和铃木的想法是一样的，不过这位同学在解释时充分运用了学过的物理知识，并提出了具体的验证方法，这一点非常棒。

不过，导致气球与托盘同时下落的原因真的是空气阻力吗？有一名小学生给我们寄来了下面这幅图。

绫香（小学生）的想法

真的很有趣。这位同学居然能通过想象画出看不见的空气的流动情况。图中气流绕过托盘压住了气球。也就是说，气球比之前大家设想的要更加紧密地贴着托盘下落。

中尾（50多岁）的想法

托盘下落时底部承受空气阻力，底部的空气绕过托盘，将气球压向托盘，使它们一起下落。我记得在自行车赛中，

为了回避这个作用力，自行车头盔后部通常会设计成尖尖的形状，从而使运动过程中产生的气流流向后方。

绫香认为绕开托盘的空气会将气球向下压，中尾认为气流会将气球压向托盘。他们都认为发生这一现象的原因不单是气球没受到来自下方的空气阻力，气流的作用更重要。看来这次的实验结果单从“空气阻力”出发是解释不通的。当然了，绫香和中尾所说的气流的影响从广义上来说也可以归为空气阻力。明明是阻力，却有助于物体运动？对此感到疑惑的人，请翻到“实验20”！

荔枝（20多岁）的想法

质量较小的气球更容易受到空气阻力的影响，而质量较大的托盘则不容易受到空气阻力的影响。因此，两者的下落速度会产生差异。将气球置于托盘上，托盘和气球成为一个整体，就更不容易受到空气阻力的影响了，所以二者会同时下落。我们也可以用纸巾和纸巾盒来做同样的实验。将抽出来的纸巾放在纸巾盒上，然后松手，纸巾和纸巾盒下落时不会分开，会同时下落。

这位同学也是从空气阻力方面考虑的。我也做了纸巾盒的实验！结果真的很有意思。从纸巾盒里抽出一张纸巾但不要完全抽出，将纸巾折叠好放在纸巾盒上，松手后纸巾和纸巾盒同时下落。接下来，将这张纸巾完全从纸巾盒中抽出并展开，然后放在纸巾盒上，松手后……大家可以亲自动手做一下这个实验。结果如何？原因是什么呢？

请大家再深入思考一下：
质量大的物体和质量小的物体到底为什么会同时落地呢？

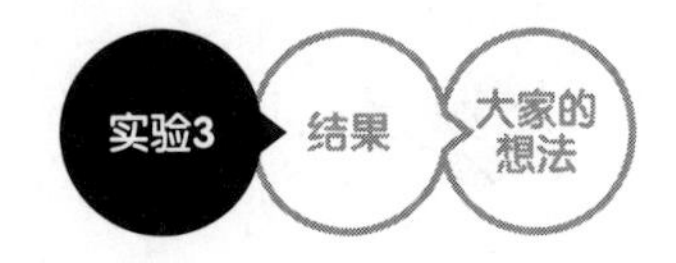
实验3
结果
大家的想法

手推车与气球（一）

这个实验会用到气球与手推车。将飘浮的气球固定在手推车上，然后向前推手推车，气球会向后倾斜。

那么，问题来了！如果我们用一个透明箱子罩住气球，然后向前推手推车，气球会怎么倾斜呢？

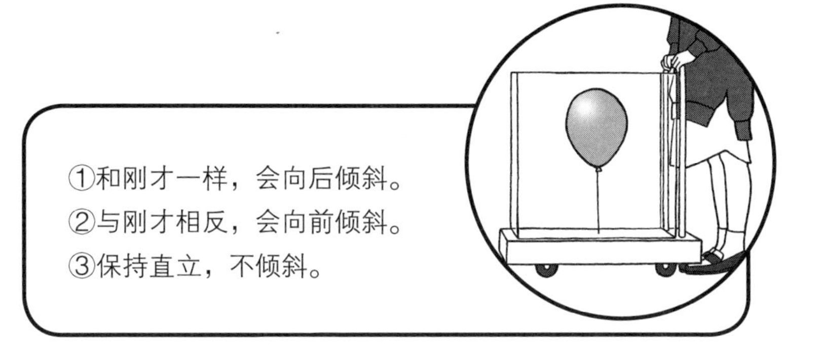

①和刚才一样，会向后倾斜。

②与刚才相反，会向前倾斜。

③保持直立，不倾斜。

在刚才的实验中，气球因为受到前方空气阻力的作用而向后倾斜。而在这次试验中，气球并不会受到空气的阻力，所以应该保持直立。答案是③吧？

你的答案 ［　］

理由

大家想好了吗？
我们来实际操作一下吧！

气球向前倾斜了。**答案是②。**

为什么这种情况下气球会向前倾斜呢？

在手推车向前运动的过程中，由于气球被透明箱子罩住了，而物体具有保持原有运动状态的性质，因此，箱子里的空气会……

你的想法（如何通过实验进行验证呢？）

大家是怎么想的呢？
我们一起看看大家的想法吧！

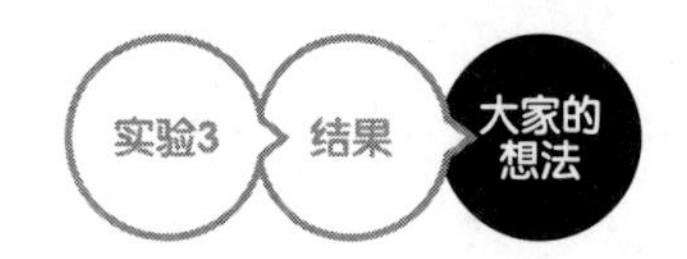

我们要充分考虑被透明箱子罩住之后，气球周围的环境是否发生了变化，以及发生了怎样的变化。下面这些考虑到气球周围空气的小学生真的很厉害。

马场（小学生）的想法

首先，用透明箱子罩住气球后，气球就不会受到空气阻力的影响了。手推车运动时，箱子里的空气也会运动。也就是说，向前推手推车时，箱子里的空气也会向前运动，因此气球也会向前运动，表现为向前倾斜。

这位同学认为箱子里的空气会和手推车一起向前运动。这么说的话，手推车向前运动时，固定气球的线也会跟着一起运动。也就是说，气球、线、手推车和空气都会向前运动。这样的话，气球应该既不向前倾斜也不向后倾斜才对呀。

甘太郎（小学生）的想法

我觉得，在没有透明箱子的情况下，手推车向前运动时，空气会推动气球向后运动，如下方左图所示。而气球被透明箱子罩住时，上面会有空气进来，当手推车向前运动时，空气会从后面推动气球向前运动，如下方右图所示。

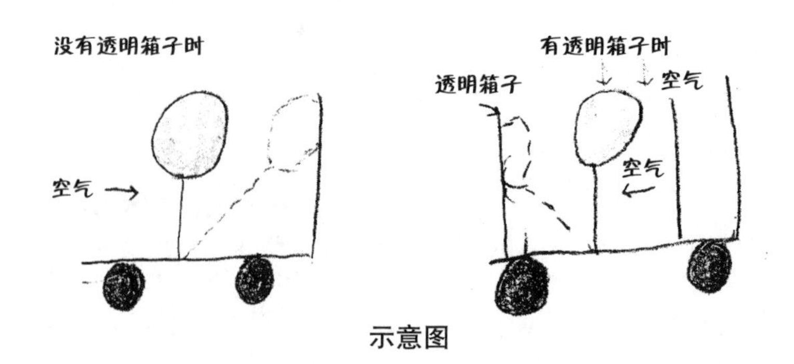

示意图

这位同学画了示意图，清楚地表达了自己的想法。但是，“上面会有空气进来”？这个箱子难道没有顶吗？

闪亮亮（小学生）的想法

箱子里的空气被推到气球后面去了，所以气球被空气推着向前运动。

原来如此！真简洁。不过，气球难道不会和空气一样被推到后面去吗？

庆太（大学生）的想法

透明箱子里有空气和气球。因为气球是飘浮在空中的，因此气球里的气体比空气轻。推手推车时，箱子里的物体会因为惯性而保持原有的运动状态。物体的质量越大，保持原有运动状态的力就越大。空气和气球中的气体相比，空气的质量较大。我认为手推车向前运动时，空气因惯性积聚在箱子后方，然后推动气球向前倾斜。

从物体的质量不同，其惯性的大小也不同这个点着眼进行思考很不错。但是，“保持原有运动状态的力”是什么呢？我记得物理课本中有一节是讲“力可以改变物体的运动状态”吧。

健次（30多岁）的想法

由于惯性的作用，箱子里的空气和气球在手推车向前运动时仍会试图保持原有的运动状态。由气球飘浮在空中可知，气球中的气体比箱子里的空气轻，因此，气球保持原有运动状态的能力比空气弱，也就更容易向前运动。如果将比空气重的物体，如铁球或者飘不起来的气球等固定在手推车上并且用透明箱子罩起来，当手推车向前运动时，被固定的物体应该会向后倾斜吧。

健次不仅对该实验结果进行了解释，还提出了验证自己想法的方法。这的确是一种科学的思考方式。健次提出的实验，我们在“实验12”中会做。大家可以去看一下。

但是，这个实验的结果究竟能否用牛顿第一运动定律（以下简称“惯性定律”）来解释呢？

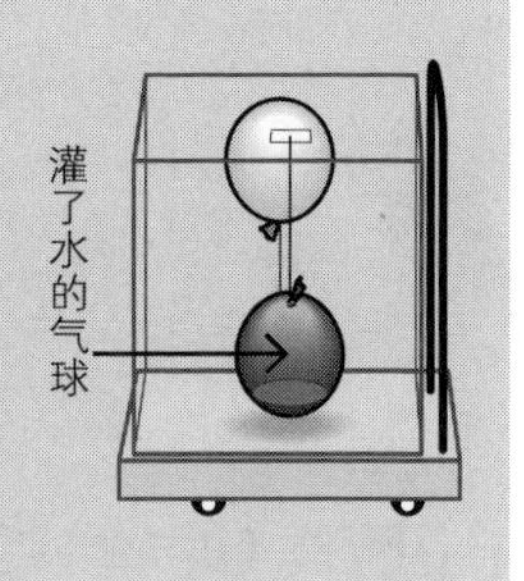

你知道“惯性定律”与“牛顿第二运动定律”（以下简称“牛顿第二定律”）的区别吗？

很多人都用惯性定律来解释这个实验的结果。惯性定律真是受欢迎啊。在此，让我们重温一下“惯性定律”和“牛顿第二定律”吧。我们知道，世间的任何物体，小到从桌上掉落的橡皮，大到行星，它们的运动轨迹都可以根据牛顿提出的三大运动定律推断出来。

惯性定律认为，如果没有受到外力或受到的外力之和为零，则运动中的物体总保持匀速直线运动状态，而静止的物体总保持静止状态。这条定律没有提到，质量越大，物体保持原有运动状态的力就越大。

牛顿第二定律认为，物体加速度的方向跟作用力的方向相同，加速度跟作用力成正比、跟物体的质量成反比。也就是说，当作用力相同时，质量越大，加速度就越小。这应该就是大家想要表达的吧？

不过，这样便会产生两个疑问。

第一个疑问：有些教材表述惯性定律时说“外力之和为零”，那么应如何判断外力之和是否为零呢？

第二个疑问：根据牛顿第二定律可知，当外力为零时，加速度也为零，这不就是惯性定律吗？既然如此，是不是就不需要将惯性定律单独提出来呢？

中村（40多岁）的想法

因为气球比空气轻，所以空气还会留在原地，将比自己轻的气球向前推。为了和孩子一起做实验，我特地买了氦气球去坐电车，结果气球朝着与电车前进方向相反的方向运动了。

第二次，我改乘汽车再次做这个实验。这一次，气球向前倾斜了！我还为孩子演示了当汽车突然加速或急刹车时汽车里的人和物会如何运动，孩子非常开心。

后来，我明白了，电车里面并不是一个完全密闭的空间，而且电车在停车前会减速，我觉得这些都应该是造成实验结果不同的原因。后来我又想到，也可以在电梯里做这个实验。于是，我拿着气球坐电梯上下楼，结果气球并没有发生什么变化。

佩服佩服！这些实验简直太棒了！但是，读者朋友们请不要在开车时模仿突然加速和急刹车的行为哦。能想到去电梯里做这个实验很不错哦。你期待的结果是什么呢？可以借此机会和孩子讨论一下为什么没能看到自己期待的结果。我相信，孩子的科学思维能力一定会有所提升。

关于电梯，请尝试进行下面这个思想实验。

①假如切断厢式电梯的钢索，飘浮的气球会发生什么变化呢？

②假如在电梯顶部安装火箭，使电梯以比正常下落速度快的速度从空中朝着地面猛冲，飘浮在电梯里的气球会发生什么变化呢？

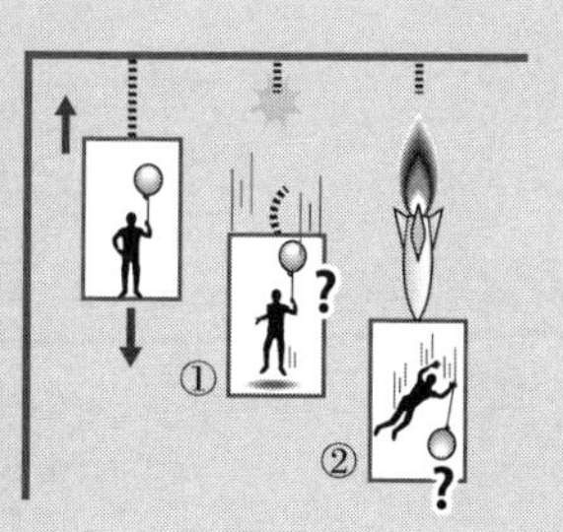

请大家再深入思考一下：
力究竟是什么呢？

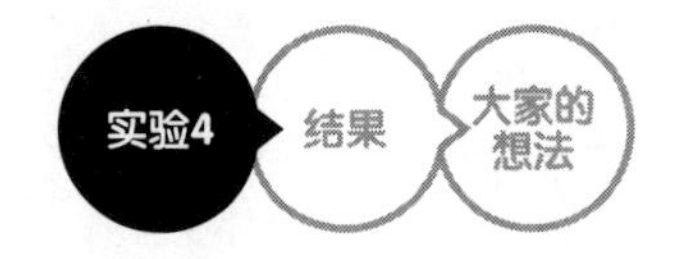

水与天平

这个实验会用到水和天平。将装有水的烧杯放在天平上，用砝码使天平保持水平。

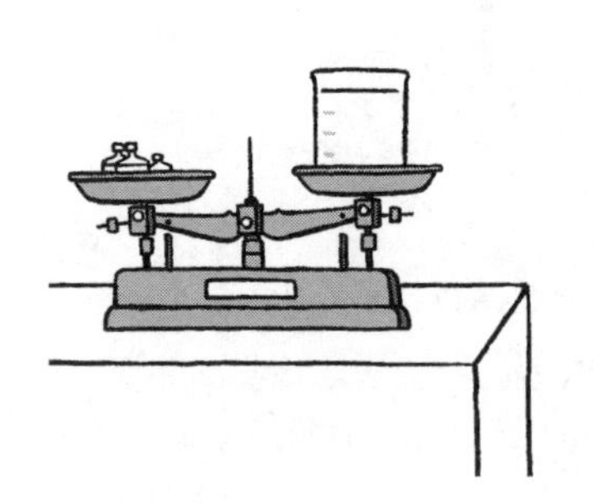

那么，问题来了！此时，如果我伸出手，在不触碰到烧杯的情况下将手指轻轻放入水中，天平会如何变化呢？

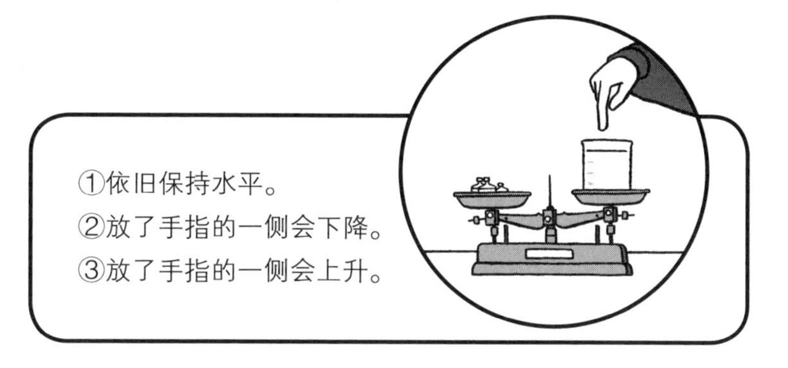

①依旧保持水平。
②放了手指的一侧会下降。
③放了手指的一侧会上升。

天平称的是烧杯和水的质量。手指是由人来控制的，将手指轻轻放入水中后，烧杯里的水并没有增加，所以天平不会发生变化，答案应该是①吧？

你的答案

理由

大家想好了吗？
我们来实际操作一下吧！

将手指轻轻放到水中后，天平倾斜了，放了手指的一侧下降了。**答案是②。**

明明只是将手指放到了水中，天平为什么会倾斜呢？

将手指放到水中后，手指会压到一部分水……

你的想法（如何通过实验进行验证呢？）

大家是怎么想的呢？
我们一起看看大家的想法吧！

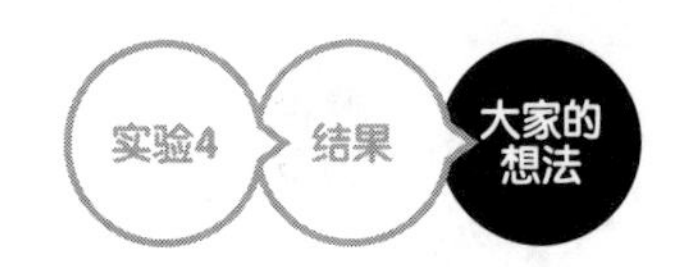

一些孩子非常仔细地观察了手指放到水中后烧杯内的水发生了怎样的变化。那么，究竟是什么因素影响了天平呢？我们一起来看看大家的想法吧！

小悦（大学生）的想法

手指放入水中后，水的体积增加了，也就是说，水的质量增加了。所以放了手指的一侧会下降。

要想验证这一假说，我觉得可以用其他东西如砝码代替手指，将提前称量过的砝码用线吊着，慢慢放入装有水的烧杯中，并观察砝码放入过程中秤的刻度的变化。如果砝码从刚放入烧杯到完全放入烧杯的过程中，称出的总质量一直在增加，就说明我的假说是成立的。

这位同学将体积增加等同于质量增加，同时还提出了验证这一假说的实验方法，这一点非常好。不知道你们有没有亲自做过这个实验？在实验中，砝码用棍状的似乎比用球状的更合适一些，因为我们需要细致地观察砝码放入水中后水的体积的变化、水面上升的情况以及秤的刻度的变化。

水的总质量明明是一样的，为什么当体积看起来增加了的时候，秤上的数字也会变大呢？

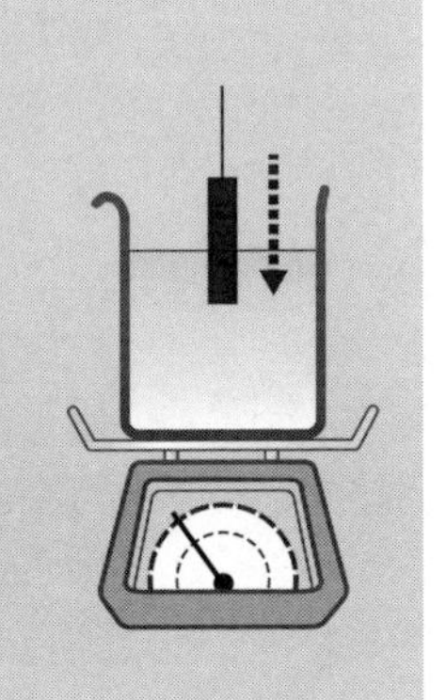

中村（小学生）的想法

要将手指放入水中，必须排开一部分水，也就是说，手指会给水增加一个向外排开的力。

原来如此！能想到“排开水的力”很不错。要将手指放入水中，确实需要一个将水排开的力。排开水的这个力在天平上会如何体现呢？手指排开水之后，这个力又会如何变化呢？

海田（小学生）的想法

我认为将手指放入水中后手指会推动水去挤压烧杯底部，因此整体的质量便会增加。假如这个想法正确，那么放入水中的物体体积越大，整体的质量也就越大。在装有水的两个烧杯（相同的烧杯和等量的水）中分别放入一个体积较大的物体和一个体积较小的物体（要用线吊着物体以免它们触碰到烧杯），然后称量总质量，放了体积较大的物体的那个烧杯应该重一些。

听到“推动……”，我以为手指只是轻轻推了一下烧杯里的水，但这位同学的意思应该是手指一直在推烧杯里的水吧。海田同学还提出了验证假说的实验方案，这一点非常好。如果我们能弄明白放入水中的物体体积的大小与放入物体后总质量大小之间的关系就完美了！

米俵（大学生）的想法

我思考了将手指放入水中后，水会出现怎样的变化。假设是手指通过推动水给天平施加了一个竖直向下的力才导致放了手指的一侧下沉了。可以通过下面这个实验进行验证。

准备两台电子秤，在上面放上装有等量水的相同的量筒。在一个量筒中悬挂一个铁球（放到水中），在另一个量筒中匀速直线运动地放入等质量等体积的铁球。假如匀速直线运动放入铁球的那边重就证明这个假说是正确的。

这个实验听起来很有意思，操作起来也很方便。大家可以动手试一试。这位同学认为，将手指放入水中后，手指会对烧杯里的水产生一个推动力，因此放了手指的那侧的烧杯变重了。米俵同学为此也提出了可以用铁球来做实验进行验证。这个想法也很棒！

柜台（40多岁）的想法

人在浴池或泳池里的时候会觉得身体变轻了，这是因为身体受到了浮力。由阿基米德定律可知，浮力是浸在流体中的物体受到的大小等于该物体排开流体重力的力，浮力的方向与重力的方向相反。

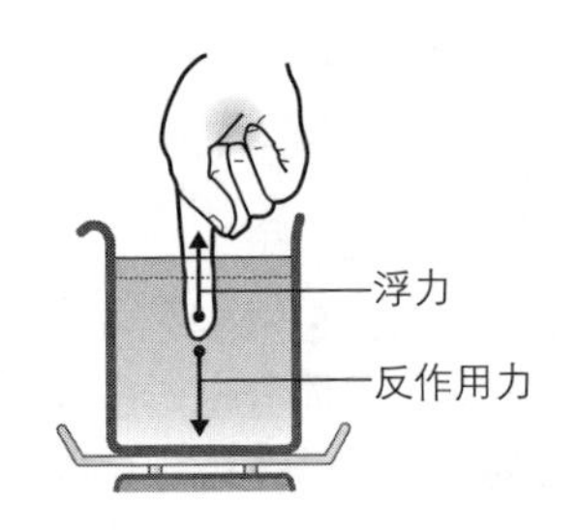

手指放入水中后，手指同样会受到水的浮力，而水也因反作用力而受到与手指所受浮力大小相等的向下的力。由于水受到的手指的反作用力施加到了烧杯底部，因此天平上放着烧杯的那侧下降了。

浮力、作用力和反作用力都是我们学过的知识。学会用通俗易懂的语言对实验结果进行解释非常重要。

水压与浮力

水因重力会对里面的物体产生压力，物体在水中受到的压力叫水压，水压与水深成正比。作用于水中一个点的压力，是来自所有方向的同等大小的水压。假如物体在水中只受到向下的压力，那么一切物体都会沉底。

如果将一个长方体放入水中，长方体的上表面就会受到向下的压力，下表面就会受到向上的力。由于水压与水深成正比，因此向上的力更大，这就是浮力产生的原因。

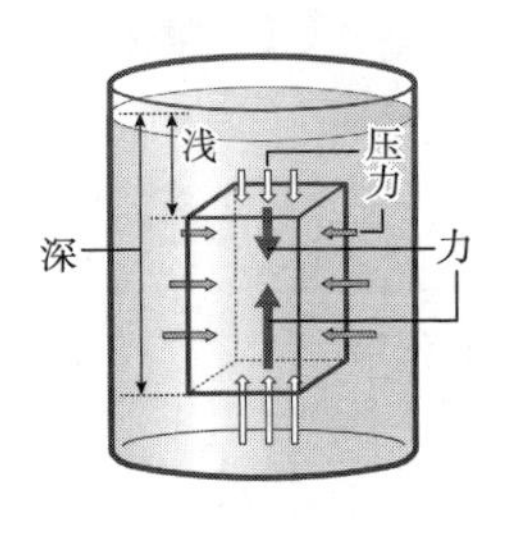

想象静止的水中有一块立体的区域。这块区域的水会受到向下的重力，但是因为有周围的水支撑，所以这块区域的水没有下沉。周围的水产生的向上支撑的浮力与这块区域的水所受的重力的合力为零。即使用其他物体替换这块区域的水，因水深差而产生的浮力也不会发生改变。

物体在水中受到的浮力等于与该物体等体积的水的重力，这就是阿基米德定律。其他液体所产生的浮力也符合这一定律。

市川（大学生）的想法

将手指放入水中后，手指会受到与手指体积成正比的水的浮力。根据牛顿第三运动定律（作用力与反作用力定律）可知，水在产生向上的浮力的同时，还会受到同样大小的向下的力，这个向下的力加上原本的重力会使装有水的烧杯变得比初始状态时重一些，因此天平倾斜了。增加的质量应与放入的手指的体积成正比。

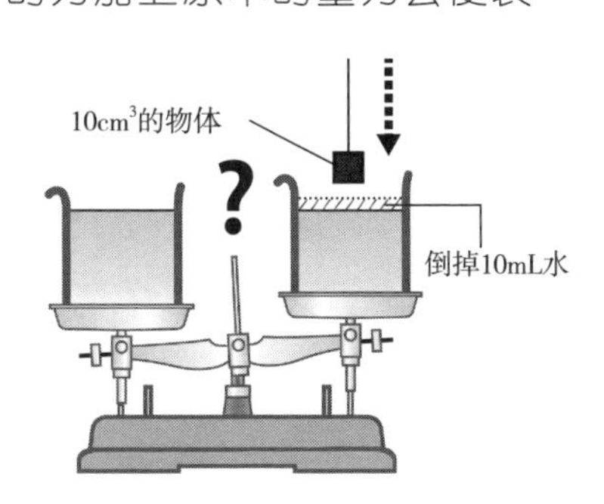

为了验证这一点，可以再做这样一个实验。准备两个相同大小并装有等量水的烧杯，将其中一个烧杯中的水倒掉10mL，然后观察将10cm^{3}的物体放入这个烧杯时天平会如何变化。

回答得真不错。这位同学不仅解释了放了手指的一侧为什么会变重，还讲到了浮力的定义、作用力与反作用力。大家可以做一下这个实验。

请大家再深入思考一下：
浮力是如何作用于物体的呢？

气球与管子

这个实验会用到气球与管子。在一根中空的管子两端分别接通、固定一大一小两个材质相同的气球，固定方式如图所示。在管子正中间安装一个阀门，这个阀门将管子内的空气隔断了，两个气球里的空气无法自由流通了。

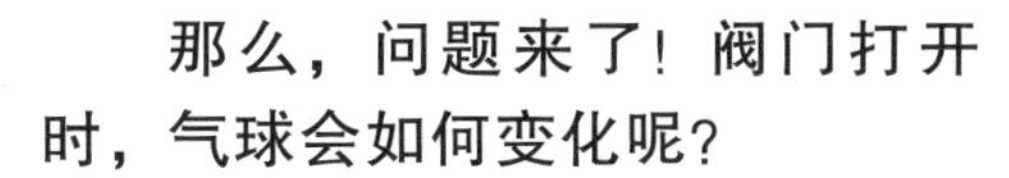

那么，问题来了！阀门打开时，气球会如何变化呢？

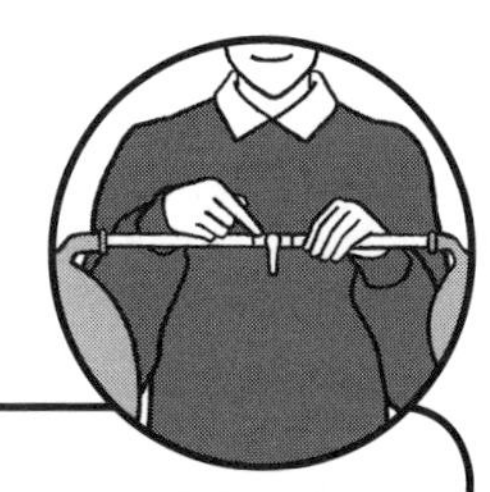

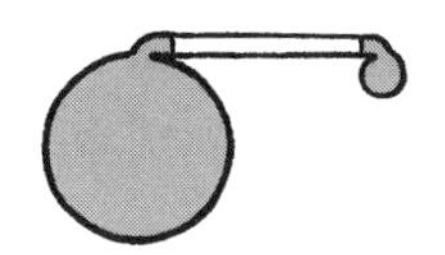

①大气球会膨胀，小气球会缩小。

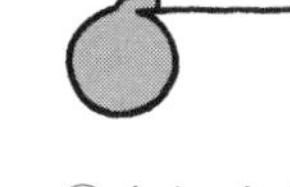

②大气球会缩小，小气球会膨胀，最终两个气球会变得一样大。

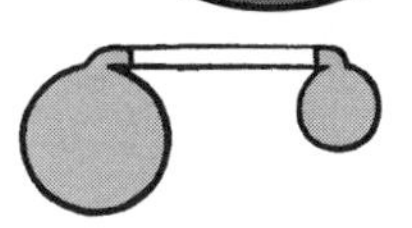

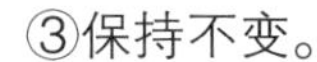

③保持不变。

我们知道，在生活中，橡胶被拉伸得越厉害，它试图恢复原状的力（弹力）就越大。同理，气球膨胀得越大，它试图缩小的力应该越大。答案是②吧？

你的答案 [ ]

理由

大家想好了吗？
我们来实际操作一下吧！

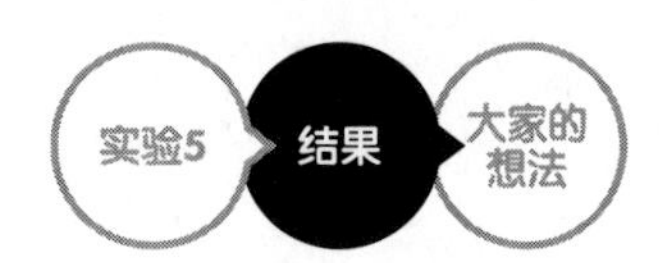
实验5
结果
大家的想法

大气球膨胀了，小气球缩小了。答案是①。

为什么会这样呢？

这跟气球里面的气压有关。大气球里的气压低……

你的想法（如何通过实验进行验证呢？）

大家是怎么想的呢？
我们一起看看大家的想法吧。

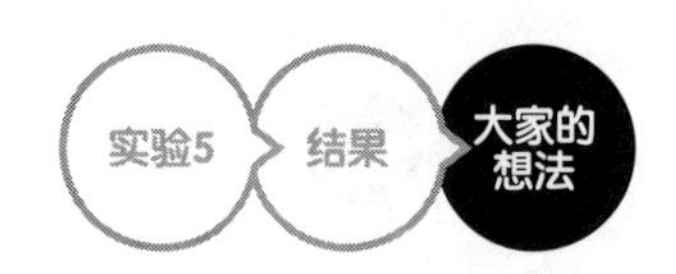

玩耍也是一种学习。经常玩气球的孩子可以根据平时的经验了解气球的某些特性，然后根据这些特性对这个实验结果做出解释。那我们先从根据自身经历对实验结果做出解释的小学生们的想法看起吧。

美铃（小学生）的想法

我认为小气球放气速度比大气球快，所以大气球会膨胀，小气球会缩小。

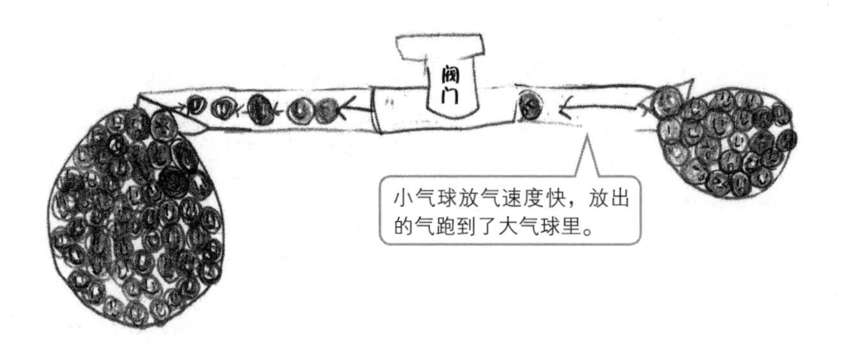

确实是因为这样，小气球才会缩小。
但是为什么会这样呢？

理人（小学生）的想法

在放气过程中，当气球还比较大的时候，飞行速度较慢，当气球变小以后，飞行速度会变快。我认为是因为小气球的威力较大，所以大气球膨胀了。

这位同学清楚地记得自己玩气球时的情形，并且还用自己玩气球的经历对这个实验结果进行了解释。但是，“威力较大”具体指的是什么呢？

铃木（小学生）的想法

吹气球的时候，一开始我们会觉得特别费劲，吹一会儿后就会觉得比较轻松了。所以我觉得处于费劲阶段的小气球放气时产生的力量更大。

吹气球的时候，一开始确实会觉得费劲。气球放气时的情形与吹气球时的情形相反。这个推论很不错哦。

接下来，我们再一起看看大人们是怎么想的吧。

故事（40多岁）的想法

我最初的想法是“大气球会缩小，小气球会膨胀”，所以看到答案时，我感到很意外。我女儿现在上小学三年级，她的想法和我的一样，因此，看到答案时，她也是一脸疑惑。

但是，回想起用嘴吹气球时的情形后便理解了。吹气球时，要将气球吹至鼓起来最费力。之后，吹起来就会越来越轻松，到最后甚至会担心吹爆。吹气球需要用力，说明气球里的空气想要出来的力很大，也就是说，气球内的气压很大。

实验中的小气球似乎已经过了费劲阶段，但还是可以根据经验推测出小气球内的气压比大气球内的气压大。因此，将阀门打开之后，小气球中的空气会一直流向大气球直至两个气球内的气压相同。

很开心你能用自己的方式对实验结果进行解释。

那么，为什么气球越小，气球内的气压就越大呢？有人用弹力解释了这个问题。

太田（大学生）的想法

空气进入气球之后，橡胶就处于拉伸状态了。如果橡胶一直处于拉伸状态，它就会变松弛。大气球里的空气多，橡胶处于过度拉伸状态，而小气球没有被拉伸得太厉害，所以小气球的弹力大于大气球的弹力。

打开阀门时，橡胶的弹力会将气球内的空气推出，由于小气球的弹力比大气球的大，所以大气球会膨胀。如果把气球从管子上取下，就能更清楚地观察橡胶的拉伸情况了。

这位同学用橡胶的弹力解释了小气球内的气压更大的原因。前面几位朋友的想法都只是根据经验得出的结论，而这位同学则试图找出气球内气压不同的原因，并试图解释气球内气压与实验结果之间的关系。

这里的关键在于“未被过度拉伸的橡胶弹力更大”这一假说是否正确。请大家对这个假说进行验证。我们可以在气球里放入质量不同的物体，然后将气球悬挂起来，并观察放入这些物体后，气球的拉伸程度有哪些变化。

力的作用与弹力——悬挂在天花板上的弹簧实验

我们先一起复习一下力学的相关知识吧。

力究竟是什么呢？说一说生活中都有哪些现象是在力的作用下产生的，然后根据这些现象的共同点进行分类。分类后大家是不是就可以找出力的特性啦？

力具有使物体发生形变或产生加速度的作用。反之，物体发生形变或产生加速度是因为力的作用。

将两根相同的弹簧悬挂在天花板上，然后在其中一根弹簧上挂上砝码，此时这根弹簧会伸长。这时，用手将另一根弹簧拉至同等长度，手拉弹簧所用的力等于砝码拉弹簧

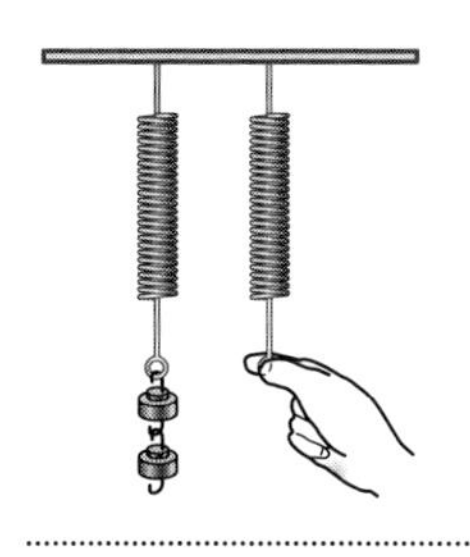

的力。根据悬挂在弹簧上的砝码的质量和弹簧伸长量之间的关系，可以制作出根据弹簧伸长量测量力的大小的装置。大家通过实验可以得知，弹簧伸长量与弹簧想要恢复原状的力（弹力）成正比，这就是胡克定律。

Junior（大学生）的想法

这个实验与气球的弹性有关。气球是橡胶材质的，而橡胶具有弹力。我们刚开始吹气球时需要用很大的力，这说明橡胶试图恢复原状的力很大。因此，当气球还很小的时候，气球会产生一个比较大的试图缩小的力；反之，当气球被吹大了之后，气球试图缩小的力就会变小。

为了验证这一结果，可以准备几个材质相同、大小不一的气球，用风速计测量气球放气时气球口的气流速度，然后进行对比。

用风速计测量材质相同、大小不同的气球内的气压，这个想法很有意思。但是，这个实验并不能证明橡胶拉伸量越小，弹性越大。

为什么气球越大，气球内的气压就越小呢？这是解释这一现象的关键。与气球的弹力相平衡的力不是气球内的气压，而是气球内的空气对气球壁产生的压力，即内压与受到内压的面积之积。假如气球的直径变为原来的2倍，其面积……

请大家再深入思考一下：
用肥皂泡做相同的实验会得到怎样的结果呢？

线　轴

那么，问题来了！如下图所示拉动线头时，线轴会怎样运动呢？

①（正对着实验者看）会顺时针旋转，远离拉线的手（右手）。
②（正对着实验者看）会逆时针旋转，靠近拉线的手。
③ 在原地空转，不移动。

回想一下陀螺和悠悠球刚开始旋转时的情形应该就知道答案了吧。线轴会顺时针旋转，当然是向右边滚动了。答案是①吧？

你的答案

理由

大家想好了吗？
我们来实际操作一下吧！

线轴朝着拉线的手滚过去了。**答案是②**。这个实验很有趣，大家可以自己动手做一下。

但是，为什么会这样呢?

因为这个线轴的……

你的想法（如何通过实验进行验证呢？）

大家是怎么想的呢？
我们一起看看大家的想法吧。

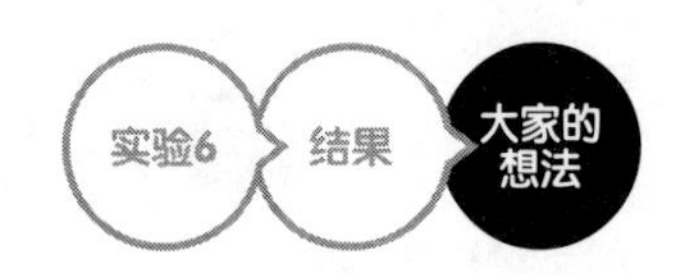

将线轴套好后拉线头时，线轴旋转的同时线会松开。这个我们很熟悉的现象用力学知识很容易解释，因为力让线轴运动了……

松泽（小学生）的想法

线轴外圆的圆周比内侧圆筒的圆周要长，因此线绕圆筒一周的长度不够绕线轴外圆一周。我认为是线轴外圆的圆周与内侧圆筒的圆周差导致线又缠在了线轴上。

这和钓鱼时绕线轮上钓线的反冲现象应该是一样的吧。

看来松泽同学钓过鱼呀。能从线轴两个圆周大小的不同联想到“绕线轮上钓线的反冲现象”这一点很棒。以自己类似的经历为线索去思考，也是一种科学的解决问题的方法。但是，真的与反冲有关吗？

赤冢（40多岁）的想法

我以为拉线轴上的线等同于旋转线轴，还据此推出了线轴的滚动方向，所以当看到实验结果的时候，我感到很意外。但是，在这个实验中，由于线轴旋转和拉线这两个运动是同时发生的，所以情况稍微复杂一些。

假如线轴与桌子之间完全没有摩擦力，那么拉线的时候线轴应该会在原地顺时针旋转吧。而在实际生活中，拉线时，线轴与桌子的接触点会产生反向的摩擦力，从而出现黏着现象。

当拉线的力超过了最大静摩擦力F的时候，线轴就开始旋转，此时，整个线轴应该是受到了朝向某一方向的扭矩。假设拉线的力为T（≈F），线轴上圆筒的半径（准确来说，应该是线轴的中心轴到线头离开线轴的点之间的距离）

为r，那么线轴就是受到了线令其顺时针旋转的扭矩rT（≈rF）。

线轴受到的来自桌子的扭矩又是什么呢？假设线轴转动的半径为R，那么线轴还会受到令其逆时针旋转的扭矩RF。

因为r < R，线轴逆时针旋转的扭矩比顺时针旋转的扭矩大，所以线轴会逆时针旋转。同时，由于拉力T大于摩擦力F，所以线轴会向拉线的手的方向运动。如下图所示。

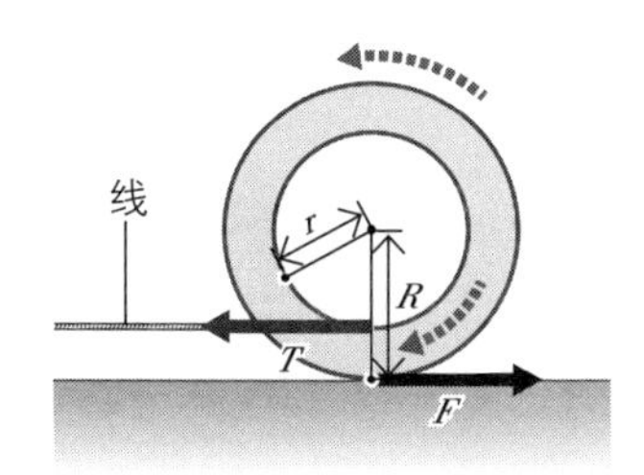

这位朋友能够从扭矩的角度思考问题非常棒。

忽略摩擦力时线轴的确会顺时针旋转，但不是在原地空转，线轴的重心会向左移动。在拉力超过最大静摩擦力（最大摩擦力）的瞬间，线轴开始旋转，这就代表线轴开始滑动了。我们还是把这个实验现象理解得更简单一些吧。

津久志（30多岁）的想法

线一圈圈地绕在线轴上，线头、线与线轴下端的接触点与拉线的方向在一条直线上。拉线头时，力会传到线轴下端。绕在线轴上的线也会对线轴施加一个力，这个力会使线轴远离拉线那只手的方向。但是，整体来看，线轴中心轴不左右移动。力只朝向左边，即朝向拉线那只手的方向。因此，对线轴和线这个整体而言，向左的力更具优势，所以线轴向左运动了。

这位朋友认为作用在线轴上的力包括线为了绕在线轴上而对线轴施加的力和拉线时线对线轴施加的力。他认为当缠绕在线轴上的线作用于线轴的力的方向呈圈状时，就不会产生令线轴朝着固定方向移动的力了。是只会产生令线轴旋转的力的意思吗?

不过，即使没有将线缠绕在线轴上，只是将线头固定在线轴的一个点上拉动，这个力应该也能令线轴旋转。大家是不是把问题想得太复杂了?

塔司（小学生）的想法

线是逆时针旋转着缠绕的，如右图所示，因此对线轴施加一个向左的力，线轴就会向左移动。

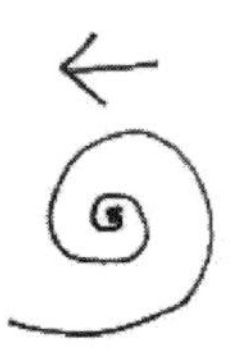

没错。塔司同学的想法非常简单。给静止的物体施加一个力，物体就会朝着力的方向运动。

但是，塔司同学没有说明为什么“线是逆时针旋转着缠绕的”，因此这个解释还不够严谨。

提耶利亚（大学生）的想法

线轴最开始因惯性定律而在原地保持不动，当它受到力的作用后便会朝着力的方向运动。线轴是圆筒状的，（看起来）很光滑，因此会匀速运动。即使手不再拉线，线轴也会一直运动，直到撞到手为止。

"受到力的作用后便会朝着力的方向运动"，这句话说得真好！物理中的"光滑"是指"没有摩擦力"。提耶利亚同学的意思是线轴滚动时会非常顺利，即线轴一旦开始运动，只要没有遇到阻碍就会一直保持匀速运动。关于运动的方向我们已经明白了，可旋转的方向又该如何解释呢？

平衡的条件

看来这个问题令大家非常苦恼呀。我认为大家把问题想得太复杂了。我给大家一个提示，希望大家可以重新思考一下。

要想知道物体为什么会运动，可以先思考物体静止的条件，然后思考静止条件不满足的情况即可。接下来，我们将相关的知识整理一下吧。

线轴受到的作用力有重力（W）、手拉线产生的拉力（T）和阻力（R），其中阻力包括静摩擦力f和支持力N。重心不发生改变的条件是"在竖直方向上，重力等于支持力""在水平方向上，拉力等于静摩擦力"。物体静止需要满足不旋转这个条件。杠杆的支点是固定的，那将哪里作为线轴的支点比较好呢？这个支点可以是线轴上的任何一个地方，不过把已知会静止不动的点作为支点更便于大家理解。

我们再来思考一下正方形的线轴。拉线之后，线轴会以下图中的点A为旋转中心进行旋转并倒下。

想一想，如果线轴是正八边形、正十边形、正百边形……

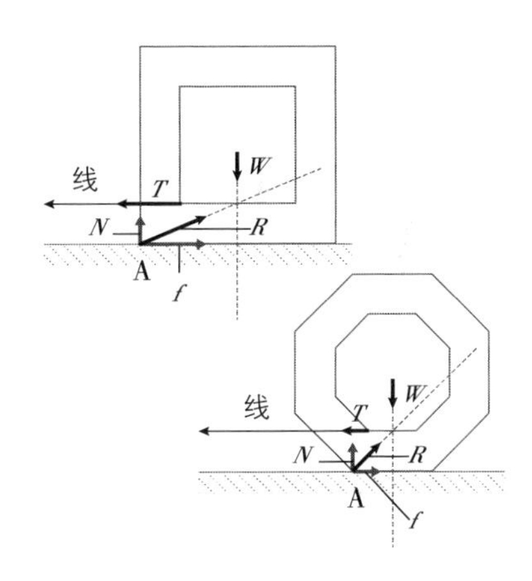

重心朝着力的方向移动是最简单的情况，但也会出现看起来是朝着与力的方向相反的方向移动的现象。这种现象会在什么情况下出现呢？

请大家再深入思考一下：
摩擦力是如何产生的呢？

磁铁与小铁球（一）

这个实验会用到磁铁与小铁球。用胶带将磁铁A固定在桌子上，然后在磁铁A上面放上相同规格的磁铁B。拿起一个小铁球，靠近磁铁，小铁球被吸住了。再拿一个小铁球，放在第一个小铁球上，后拿来的小铁球也被吸住了。

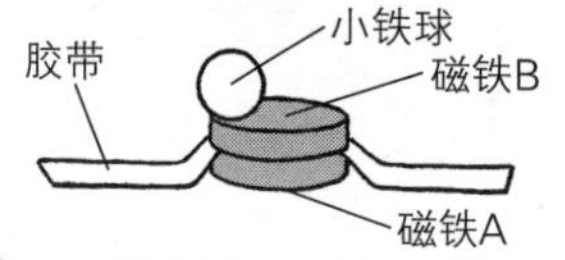

那么，问题来了！我们去拿上面的那个小铁球时，会出现怎样的现象呢？

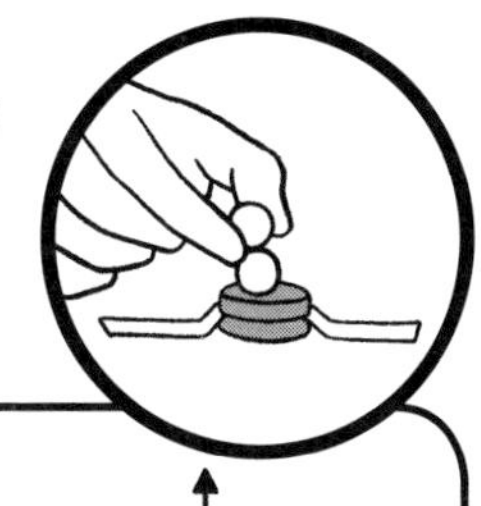

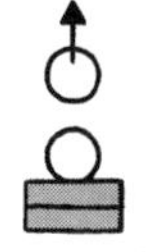

①只有手里的小铁球会被拿起来。

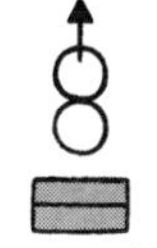

②下面的小铁球会一起被拿起来。

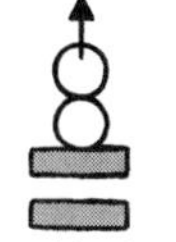

③两个小铁球和磁铁B会一起被拿起来。

从刚才的实验可知，被磁铁吸住的小铁球也会变得有磁性。小铁球是因为被磁铁吸住了才会变得有磁性，但是小铁球的磁力比磁铁的弱。因此，在这个实验中，磁力的大小排序应该是：磁铁的磁力 > 第一个小铁球的磁力 > 第二个小铁球的磁力。与此同时，也不难推出：磁铁A与磁铁B磁力的合力 > 磁铁B与第一个小铁球磁力的合力 > 两个小铁球磁力的合力。所以答案是①吧？

你的答案 [ ]

理由

大家想好了吗？
我们来实际操作一下吧！

两个小铁球都被拿起来了。答案是②。等到把小铁球拿高一些后，下面的小铁球就掉下去了。

但是，为什么会这样呢？

你的想法（如何通过实验进行验证呢？）

大家是怎么想的呢？
我们一起看看大家的想法吧。

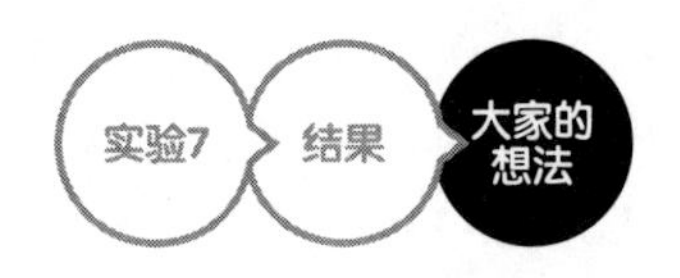

铁靠近磁铁时，会被磁化。问题的关键似乎在于磁铁与被磁化的小铁球之间谁的磁力更大。面对这个实验已知条件不足的情况，我们该如何思考呢？

俊也（小学生）的想法

小铁球只是暂时被磁化了，离开磁铁后它们就又成了没有磁性的小铁球了，所以下面的小铁球就掉下去了。

"只是暂时被磁化"这句话是想表达小铁球只有被磁铁吸住才有磁力吗？

也请大家思考一下，为什么不会出现下面两幅图中的情形呢？

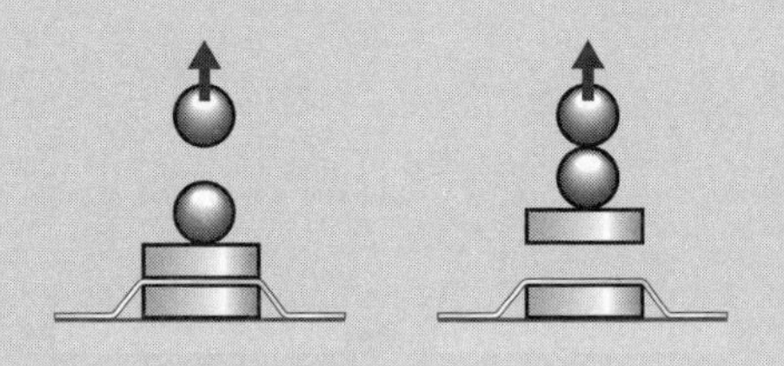

塔斯马尼亚（小学生）的想法

被磁铁吸住的小铁球被磁化后也有了磁力。两个小铁球虽然离开了桌子上的磁铁，但暂时还有磁性，所以这两个小铁球吸在了一起。但是，小铁球本身还是铁，其磁性没有磁力源即桌子上的磁铁的磁性强，两个小铁球离磁力源越远，它们的磁性就越弱，最终下面的小铁球就掉下去了。

这位同学的想法和俊也同学的差不多。在他的解释中出现了“暂时”这个词，他还提到了“离磁力源越远，小铁球的磁性就越弱”，也就是说，铁只有在磁铁附近时才有磁性吧。离磁铁很远的曲别针确实不会被吸过来。他还提到了“其磁性没有磁力源即桌子上的磁铁的磁性强”，那最开始小铁球为什么能够战胜磁铁的吸引力从而离开磁铁呢？

仁科（大学生）的想法

我认为这个实验与磁铁的磁场有关。物理知识告诉我们，只要在磁铁的磁场内，铁即使没有接触到磁铁也会被磁化，因此，实验中的两个小铁球靠近磁铁被磁化后都有了磁性。

小铁球被从磁铁上拿走时，上面的磁铁之所以没有被吸在小铁球上，是因为桌子上两块磁铁之间的吸引力大于小铁球与磁铁之间的吸引力。因此，拿起上面的小铁球时，只有下面的小铁球跟着被拿了起来，由此可以得知答案是②。

继续将小铁球拿至更高的位置后小铁球会掉落，是因为小铁球离开了磁铁的磁场。离开磁场后，因为被磁化而具有磁性的小铁球又成了没有磁性的小铁球。

这位同学通过比较磁铁之间的吸引力以及磁铁与被磁化的小铁球之间的吸引力，得出了磁铁之间的吸引力更大的结论。那为什么两个小铁球会吸在一起被拿起来呢？

丛生口蘑（30多岁）的想法

我们需要思考从小铁球被拿起来到下面的小铁球掉下去的这段时间里，下面的小铁球受到了哪些力的作用。经过分析可以知道，下面的小铁球受到了一个向上的磁力（来自上面被磁化的小铁球）、一个向下的磁力（来自桌子上的磁铁）以及重力。下面的小铁球受到的向上的力大于向下的力，所以下面的小铁球吸附在上面的小铁球上被拿起来了，但是上面的小铁球暂时带有的磁性真的有那么强吗？说实话，我对此持怀疑态度。

可能还需要考虑磁铁的磁极吧。让我们假定磁铁B的上面为N极，那么下面的小铁球下面应该也是N极吧，这样下面的小铁球就会受到向上的斥力。

在这个实验中，用到了两块磁铁应该也有其意义。可是说实话，我不知道原因……这个问题好难。

能够从下面的小铁球受到的作用力出发，这个思路很不错。这位同学还提出了“上面的小铁球暂时带有的磁性真的有那么强吗”的疑问，以及下面的小铁球下面与磁铁B上面是同极的假说。非常棒！我们只需一一验证这些想法就可以了。欢迎大家提出验证假说的实验方案。

铁郎（40多岁）的想法

我认为这个问题的关键在于永久性磁铁，即桌子上的磁铁与在永久性磁铁的磁场中被磁化的上方的小铁球，哪一方对下面的小铁球的吸引力更大。由于小铁球是被磁化后才有磁性的，因此我本以为永久性磁铁更胜一筹，可结果却恰恰相反。

像铁这种铁磁性物质（能被磁铁吸住的物质），在未被磁化之前可以细分为若干个小区域即磁畴，每个磁畴里的“极小磁铁”都朝着同一个方向，这些“极小磁铁”又形成了一个个“小磁铁”。这些“小磁铁”平时方向各不相同，如下图所示，结果磁性相互抵消，物质对外不显示磁性。当它们作为一个整体被磁化（“小磁铁”的排列方向趋于一致）以后才会显示出磁性。

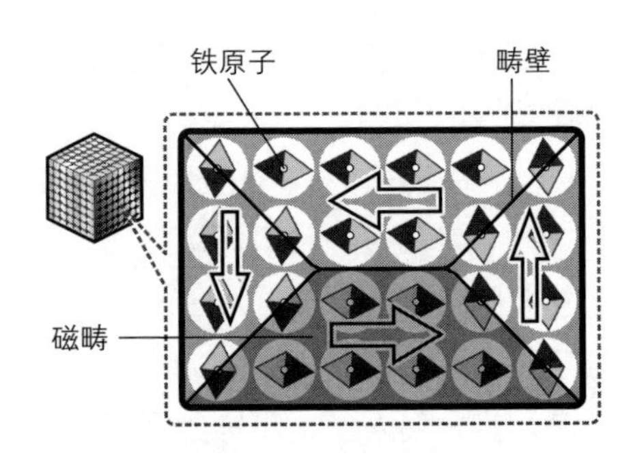

但是，当把铁放入磁场中时，与磁场方向相同的磁畴会扩大，畴壁会消失，而与磁场方向相反的磁畴中的“小磁铁”会旋转至与磁场方向一致，此时物质整体会迅速显示出强大的磁性。如下图所示。

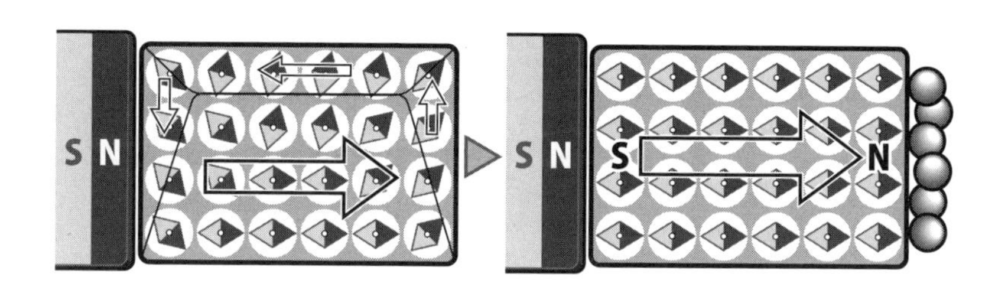

在磁场中磁性能够变得多强是由铁磁性物质的磁导率决定的，而铁是一种磁导率非常高的物质。

虽然我不知道这次实验中使用的永久性磁铁具体是什么磁铁，但我认为应该就是物理实验中经常使用的铁氧体磁铁。铁氧体磁铁比铁的磁导率要小，当上面的小铁球与桌子上的永久性磁铁一起吸引下面的小铁球时，永久性磁铁就会输给上面的小铁球。

磁铁是很受小学生喜爱的实验材料。但对高中生而言，与磁铁和磁场有关的物理问题一般都很棘手。

在此，我要感谢铁郎的详尽解释。他的解释大家能看明白吗？铁郎认为桌子上的磁铁应该是铁氧体磁铁的假说也很不错。那么，在实验中，使用不同的磁铁或铁磁性物质，实验结果会发生变化吗？请通过实验进行验证。

其实，在这次实验中，我们并不知道磁铁和小铁球的特性，因此，在实验前也几乎不可能推测出实验结果。大家能做的就是像铁郎这样，从实验结果出发，反推出实验条件。

这个推理过程不仅可以让我们有一些新的发现，还能帮助我们加深对相关知识的理解。

佐波（高中生）的想法

我思考了一下为什么暂时有磁性的小铁球没能把磁铁B一起吸起来。我认为桌子上的两块磁铁的接触面积要比小铁球与磁铁B接触的面积大得多，因此，小铁球作用到磁铁B上的力比较小吧。

原来如此，佐波同学提出了与磁铁接触面积有关的假说，我觉得这个想法很不错。大家可以尝试做一下这个实验。

来动手做一下与磁铁有关的奇妙实验吧！

这里，向大家介绍一些有趣的实验，作为丛生口蘑和铁郎对实验结果解释的延伸。

①远离的小西红柿与靠近的铝

用N极靠近物体时，是否会像丛生口蘑说的那样，在物体靠近N极的这一面也会出现N极呢？下面，请大家先用小西红柿制作一个像平衡玩具一样可以水平旋转的装置，然后用强力磁铁（钕铁硼磁铁）靠近小西红柿，这个时候，我们会看到小西红柿远离了钕铁硼磁铁。这是因为小西红柿里含有水，而水具有抗磁性。紧接着，将小西红柿换成一角硬币，进行相同的实验。我们会发现一角硬币会慢慢靠近钕铁硼磁铁。这是因为一角硬币是铝制品，铝是顺磁性物质——具有很弱的磁性。在我们的生活中，很多物质都有顺磁性。当用铁磁性物质，如铁、镍等靠近磁铁的N极时，强S极就会出现在铁、镍靠近磁铁N极的一侧。

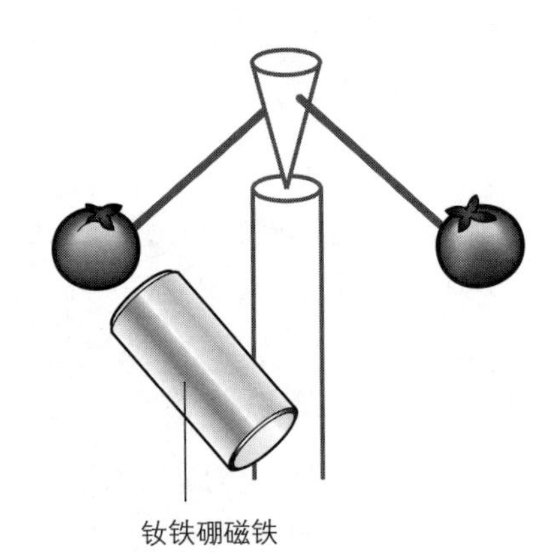

②听一听磁畴统一方向后变得有磁性时发出的声音

我们来听一听铁郎提到的磁畴统一方向后变得有磁性时发出的声音吧。根据制作电磁铁的要领，可以把导线缠在铁钉上，并将耳机连在导线两端。然后，把耳机塞到耳朵里。这时，拿起强力磁铁靠近铁钉，你会听到“嗞嗞嗞嗞”的声音，这正是磁畴旋转并进行有序排列、铁钉变得磁性很强的时候。如果听不清，可以在电磁铁和耳机之间加一个扩音器。用录音机的外部麦克风接头连接电磁铁，用耳机接头连接耳机，一边录音一边听，声音会更加清晰（由于此用法非产品的正常用途，操作时需在家长的陪同下进行）。

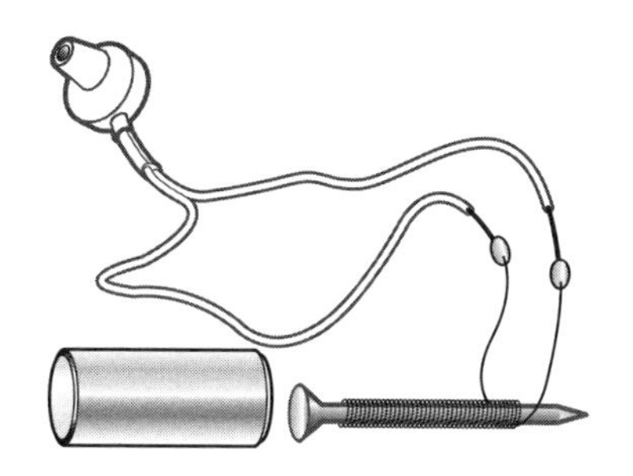

③敲碎磁铁

将废弃的铁氧体磁铁放入塑料袋中，然后用小锤子将磁铁敲碎。将磁铁碎片装到一个小瓶里，然后用铁靠近小瓶，我们发现铁没有被吸住。接下来，用磁铁吸住装满铁氧体碎片的小瓶，随后拿开磁铁。此时，再用铁靠近小瓶时，我们发现铁被吸住了。解释一下这个现象吧。小磁铁的磁极方向……

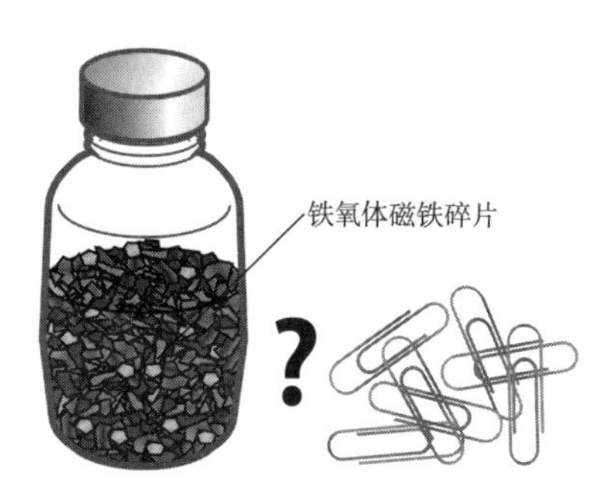

请大家再深入思考一下：
为什么磁铁之间会相互吸引或相互排斥呢？

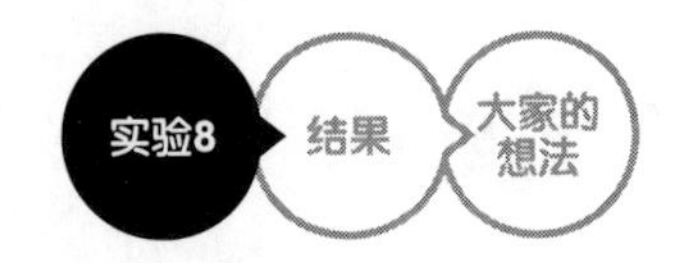
实验8
结果
大家的
想法

磁铁单摆

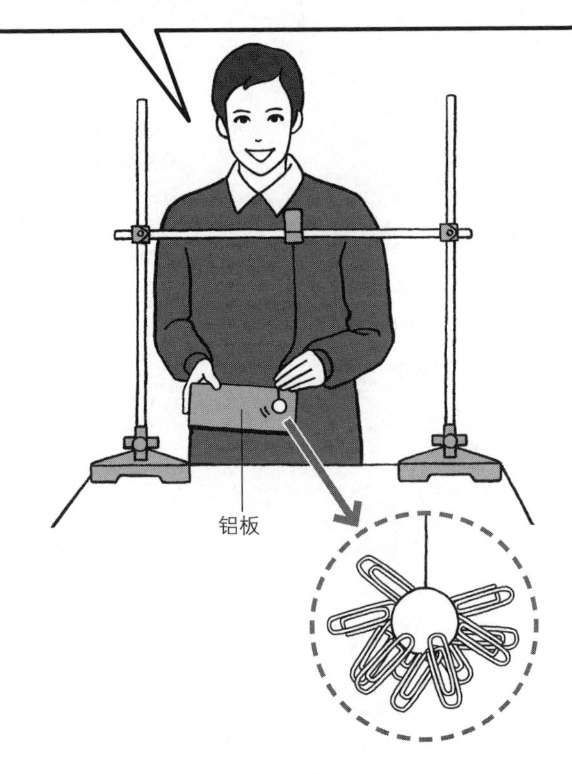
这个实验会用到单摆。单摆的末端固定着一个磁性很强的磁铁球。这个磁铁球虽然可以吸住很多曲别针，但是却吸不住铝板。这是因为磁铁无法吸住铝。
铝板

那么，问题来了！将不会被磁铁吸住的铝板置于单摆下方，然后把磁铁球拿至下图所示位置后松开，单摆会如何摆动呢？

①摆动速度会比没有铝板时慢，并会很快停止摆动。

②会加速摆动，不会停下来。

③摆动速度和没有铝板时相同。

因为磁铁无法吸住铝，所以，铝板不会影响单摆的摆动速度。这样的话，答案就是③吧？这个答案究竟对不对呢？其中到底隐藏着什么秘密呢？

你的答案

理由

大家想好了吗？
我们来实际操作一下吧！

单摆居然很快
就停止摆动了。
答案是①。

磁铁吸不住铝，但为什么单摆的摆动速度会变慢，并且很快停止摆动呢?

这与磁铁和铝的性质有关。铝虽然不会被磁铁吸住，但是可以导电。在磁铁导电……

你的想法（如何通过实验进行验证呢？）

大家是怎么想的呢？
我们一起看看大家的想法吧。

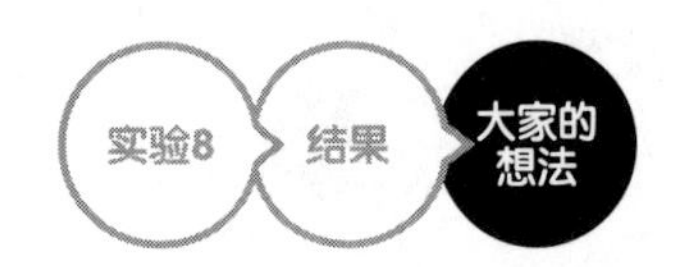

静止的磁铁明明不会受到来自铝的作用力，可动起来的磁铁却受到了阻碍其运动的力。这个现象看起来很奇妙，其实用物理课上学到的知识可以帮助大家解释这个现象。

央典（小学生）的想法

单摆摆动时产生了静电，而铝具有导电性，所以，此时的铝板就有了弱磁性。是有弱磁性的铝板使单摆停下来了。

将铝的导电性与磁铁的运动相联系，这个想法很棒。单摆摆动时会产生静电，铝具有导电性，所以此时的铝板就有了弱磁性，从而阻碍单摆的运动。大家可以通过实验来验证这个假说。

伊礼（初中生）的想法

我认为是铝板发生了电磁感应，感应电流把铝板变成了电磁铁。

我们都学习过在线圈附近移动磁铁时线圈中会产生感应电流。当电流流过线圈，线圈便会变成电磁铁。这位同学说铝板上也出现了感应电流，事实真是这样吗？要如何去验证呢？

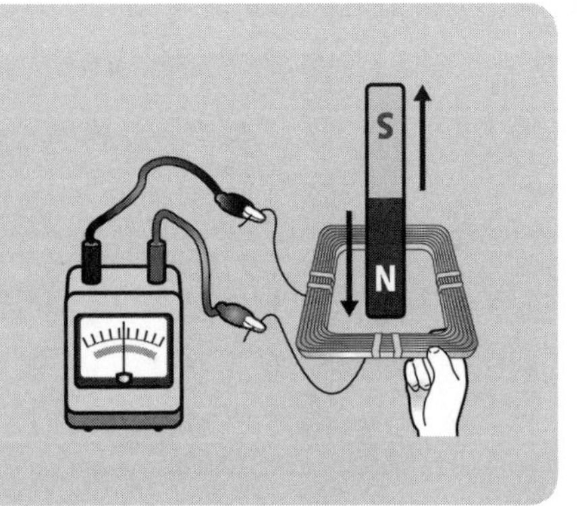

山田（大学生）的想法

单摆末端的磁铁球停在了铝板上，这是因为铝板上出现了电磁感应现象。

磁铁在铝这种具有导电性的物质附近运动时，物质表面会因电磁感应而产生涡流（傅科电流），而涡流会产生磁场。因此，当单摆运动时，铝板表面会产生“看不见的磁铁”。根据楞次定律可以判断“看不见的磁铁”的磁极方向。当单摆末端的磁铁球靠近铝板时，铝板上就会出现阻碍磁铁球运动的磁铁。

因此，磁铁球靠近铝板（做下摆运动）时，假设磁铁球的下方为N极，那么，磁铁球正下方和磁铁球即将靠近的地方，即铝板表面也是N极，从而阻碍磁铁球靠近，如下图所示。而当磁铁球通过最低点开始做上摆运动时，铝板表面则会出现S极，产生一个留住磁铁球的力。

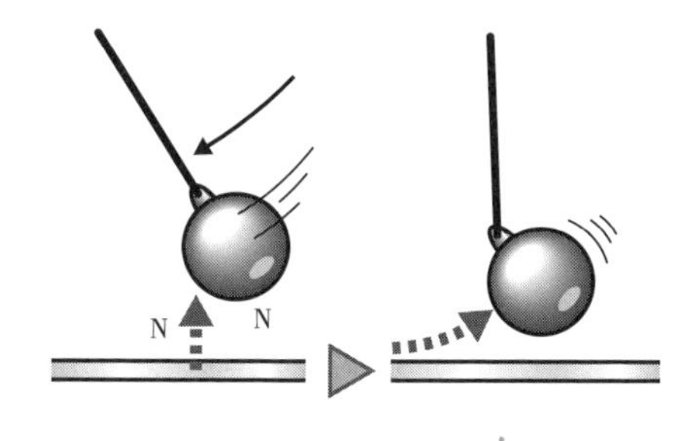

本应向下加速的单摆通过最低点时本应继续朝运动方向做上摆运动，但此时却受到了类似刹车的阻力，于是，磁铁球无法继续摆动，就停在了最低点。

在实验过程中，我们发现，在单摆下摆的过程中，磁铁球向着与前进方向相反的后侧倾斜，似乎有些依依不舍。由此也可以证明，阻碍单摆运动的力作用在了磁铁球上。

这位同学用物理知识将这个实验现象解释得非常透彻。但是，真的有涡流吗？请大家亲自做实验验证一下。话说回来，磁铁的动能去哪里了呢？作用于磁铁的力的反作用力又在哪里呢？假如这个实验不是让磁铁球运动，而是让铝板运动，结果又会如何呢？

还有许多问题尚未解决。原来弄明白一件事也意味着会发现更多“不明白的事情”啊。

利用线圈从空间中获取能量

1820年，在奥斯特发现电流周围会产生磁场之后，法拉第开始思考反之会不会也一样，于是，法拉第将线圈置于磁铁附近，想看看线圈内会不会产生电流。

虽然将线圈置于磁场中不会产生电流，但是移动磁铁或线圈（让磁场发生变化）时，线圈内会有电流流过。电磁感应现象就是在这个过程中发现的。

感应电流需要线圈，但电磁感应现象本身并不需要线圈。当磁场发生改变时，其周围会产生电场（能对电子等电荷产生作用力）。将线圈置于这个空间内，线圈里面的自由电子会在力的作用下移动，因此线圈内就会产生电流。无线充电器利用的正是这一原理。

如果将线圈换成铝板之类的金属板置于电场中，力会作用于金属中的自由电子，从而产生电流（涡流）。只要利用涡流产生的焦耳热，就可以制作非接触式加热装置，如电磁炉等。电流在外部磁场中会受到作用力，电风扇等的电动机就是利用这个原理制造的。

发电机在磁场内通过旋转线圈产生感应电流。感应电流受到来自磁场的斥力，会阻碍发电机旋转。为了对抗这个斥力，通常会利用蒸汽或水流的能量来维持发电机的旋转并将该能量转换成电能。

那么，如果我们将用导线制成的线圈连到收音机等设备的耳机接口处，然后用附带耳机的电磁铁靠近导线，这样能听到收音机的声音吗？请大家试着用电磁感应的知识进行说明。

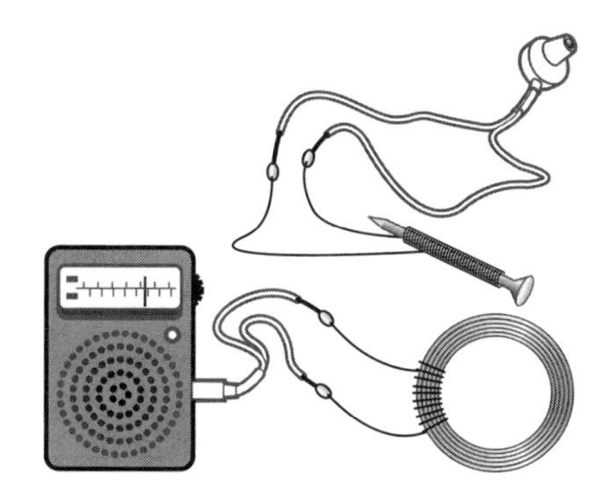

你的想法

请大家再深入思考一下：

为什么电流周围会产生磁场呢？

弹力球与水

这个实验会用到透明弹力球。将弹力球放在装有水的圆形玻璃杯中，弹力球没在水中的部分看起来变大了，这是因为装了水的玻璃杯起到了透镜的作用。

在弹力球上贴一张小贴纸，然后如下图所示从贴纸背面看一下，贴纸看起来变大了。

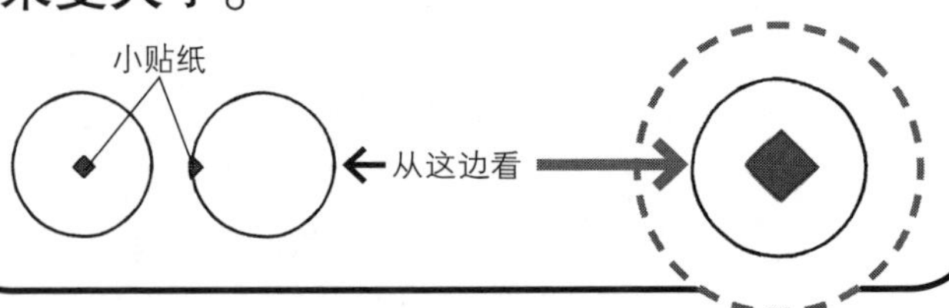

那么，问题来了！如下图所示将弹力球放在水中，然后像刚才一样从贴纸背面看贴纸，跟弹力球没有放进水中相比，贴纸看起来会有什么样的变化呢？

①看起来更大了。

②不变。

③看起来比刚才从背面看的时候小了。

这个问题很简单！如果一个透镜会使物体看起来变大，那么，再加一个透镜，物体肯定看起来更大啊。这跟显微镜的原理一样。所以，答案是①吧？

你的答案

理由

大家想好了吗？

我们来实际操作一下吧！

实验9
结果
大家的想法

虽然弹力球看起来变大了，但贴纸跟刚才相比看起来却变小了。**答案是③。**

为什么会这样呢？

贴纸看起来变大了是因为光的折射。光从一种介质斜射入另一种介质时，传播方向会发生偏折。弹力球放进水中……

你的想法（如何通过实验进行验证呢？）

大家是怎么想的呢？
我们一起看看大家的想法吧。

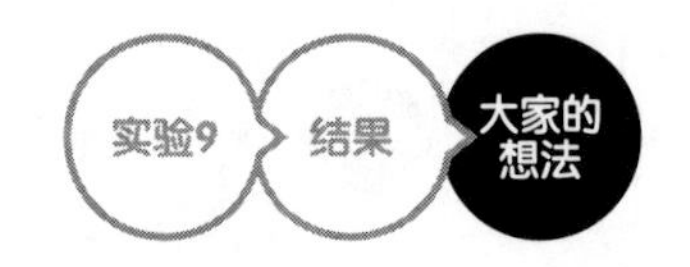

凸透镜为什么会使物体看起来变大呢？只要知道凸透镜令物体看起来变大的原理，就能理解与之相反的现象了。有人认为叠加两个凸透镜就会使物体变回原来的大小，真的是这样吗？

加答（小学生）的想法

玻璃与弹力球组成了双重透镜，经过反射后再反射，物体就变小了。假如水中弹力球贴着贴纸的那一面正对着实验者，贴纸应该会和弹力球一样看起来变大了。

我不太理解“反射后再反射，物体就变小了”这句话的意思。光到底是在哪两个地方反射了？为什么变小了？希望可以解释得更清楚一些。能够准确地表达出自己的想法很重要哦。这位同学认为水中透明弹力球上的贴纸如果正对着实验者，贴纸就不会经过两次变化，看起来就会比原来大。那记得做实验验证一下哦。

绘雅里（大学生）的想法

在这个实验中，水杯的杯身和弹力球的球面都是圆弧形的，都起到了透镜的作用。透镜能使光发生折射。当只有一个透镜时，光在弹力球的球面呈“<”状偏折，因此贴纸看起来变大了。

但是，射入弹力球的光已经在弹力球的球面上发生过一次折射了。当光在水杯杯身发生折射时，光射入水杯杯身的角度也发生了改变，光在水杯杯身呈“>”状偏折。于是，光束比射入时变窄了，因此贴纸看起来变小了。

光射入圆弧形物体时会发生偏折，会令物体看起来变大。能够从这一点去思考很不错。但是，第二次折射不能像第一次那样偏折从而使贴纸看起来更大吗？不管怎样，目前这些都还是假说，希望大家可以探究一下光究竟是如何折射的。

❶令物体看起来更大的方法

仔细观察贴纸，我们会发现它确实比透过弹力球看时要小，但是大家有没有发现它看起来还是要比其本身的大小大呢？这是一个提示。

请大家先验证在两个透镜的作用下，物体是否会比在一个透镜下看起来更大。用一个凸透镜令物体看起来变大的方法有两种：一种是将物体置于凸透镜的焦距内，这跟放大镜的原理一样；另一种是将物体置于焦距外紧挨着焦点的位置，这样可以在远离放大镜的屏幕上映出很大的图像，但是这个图像是颠倒的。如果用放大镜继续放大屏幕上的图像，我们可以看到更大的图像。这便是显微镜的原理。

我们无法将遥远的月亮置于透镜的焦点附近。但是，如果用焦距长的透镜，例如焦距长为100厘米的透镜，将月光映在屏幕上，便可以得到一个直径约1厘米的月亮图像。这时，再用焦距短的放大镜（或目镜）将月亮图像放大，就可以看到一个很大的月亮。这便是望远镜的原理。显微镜和望远镜都是用两个透镜作用于物体使物体看起来变大的。

以上两种情况都是将两个凸透镜分开摆放，而在本次实验中，我们将弹力球放在了水中。那么，将放大镜放在水中会出现怎样的情况呢？请大家将放大镜放入水槽中，通过放大镜聚光来测量一下焦距。此时，焦距有什么变化吗？请大家再思考一下，假如这个凸透镜是用水制成的，结果又会如何呢？

海洋馆里的巨型水槽是用厚实的亚克力制成的，但大家却很少会注意到它，这又是为什么呢？

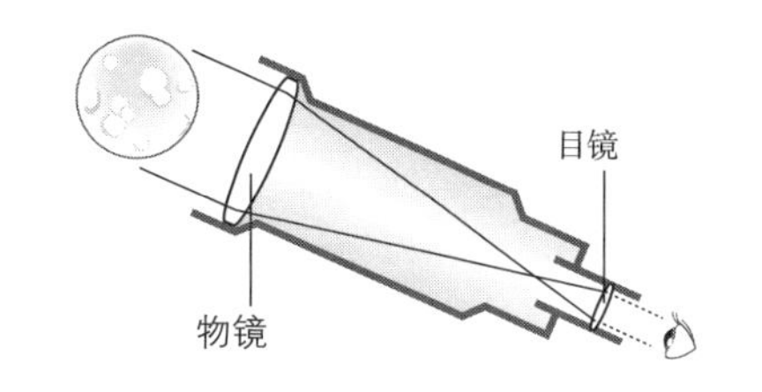

请大家再深入思考一下：
光为什么会在界面上发生折射呢？

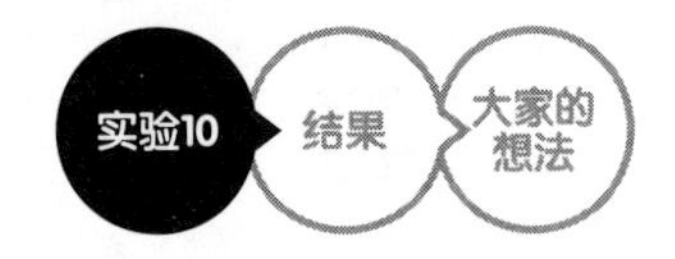
实验10
结果
大家的想法

在斜面上滚动的小球

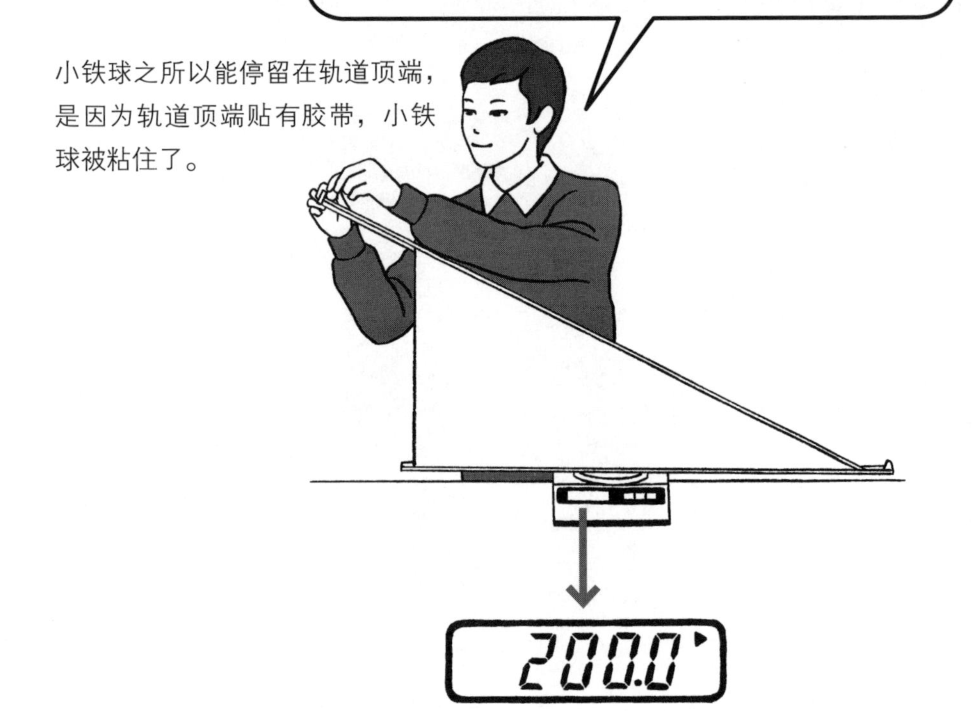
这个实验会用到一个附带一条轨道的三角形台子和一个小铁球。将台子置于秤上，然后将一个小铁球放在轨道顶端，此时秤上显示的是200克。200克是小铁球和台子的总质量。
小铁球之所以能停留在轨道顶端，是因为轨道顶端贴有胶带，小铁球被粘住了。
200.0

那么，问题来了！当小铁球自然脱离胶带，开始在轨道上滚动时，秤上显示的数字会如何变化呢？

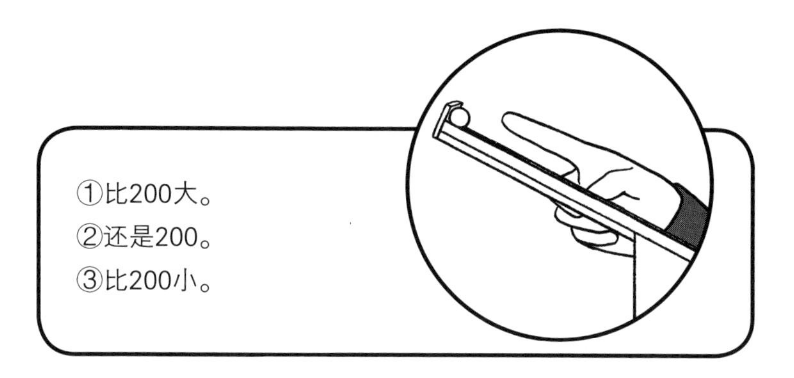

①比200大。
②还是200。
③比200小。

无论小铁球是静止的还是滚动着的，小铁球的质量都不会发生变化，所以秤上显示的数字应该还是200。答案是②吧？

你的答案

理由

大家想好了吗？
我们来实际操作一下吧！

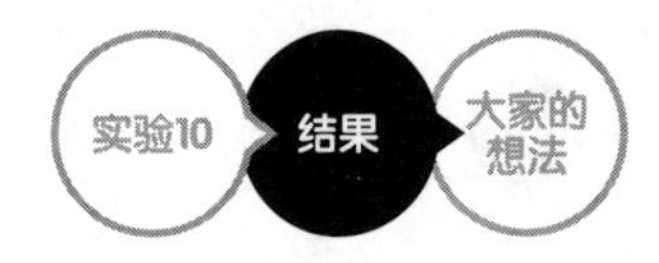
实验10
结果
大家的想法

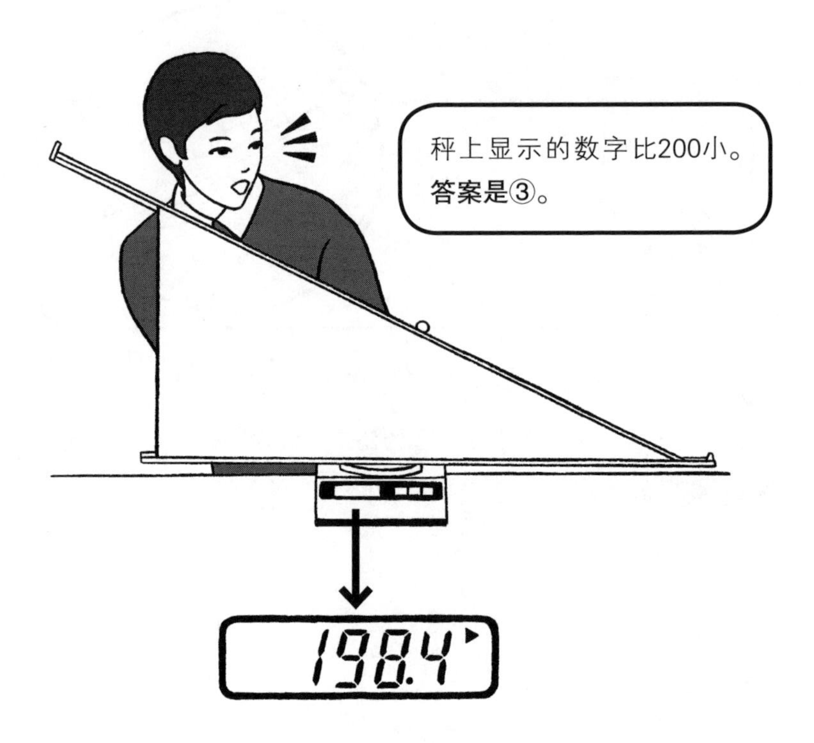
秤上显示的数字比200小。
答案是③。
198.4

为什么会这样呢?

小铁球虽然一直都压在台子上，但是，当小铁球脱离胶带，开始在轨道上滚动的时候……

你的想法（如何通过实验进行验证呢？）

大家是怎么想的呢？
我们一起看看大家的想法吧。

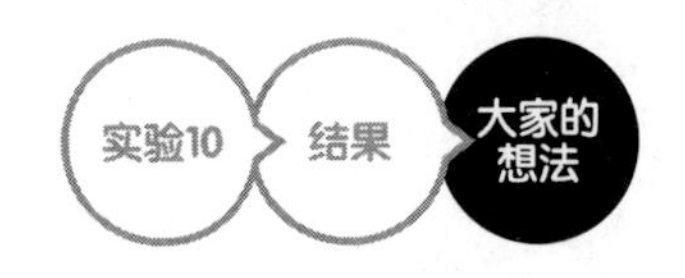

有些人觉得这个实验跟乘电梯下行类似。

直美（20多岁）的想法

当小铁球被胶带固定着的时候，小铁球一直压在秤上。但是，在下落过程中，小铁球会一跳一跳的，并不是一直都压在秤上，所以秤上显示的数字变小了。

“在下落过程中，小铁球会一跳一跳的”这个表述很生动。可是，你看到的现象真的是这样吗？如果真的是这样的话，秤上显示的数字也会跟着“一跳一跳的”吧。

铃木（小学生）的想法

小铁球向下滚动的力变成了在斜面上滚动的力，此时，小铁球受到的向下的力（重力）变小了。

我还有一个想法，我们乘坐电梯下行的时候，电梯刚启动时我们会觉得身体变轻了。这个实验是不是跟电梯下行的情形类似啊。

这位同学虽然还是个小学生，但能从力的角度来解释小铁球滚动着下落的过程，这一点非常棒。大家试着想一想，我们从滑梯上往下滑的时候，体重变轻了吗？铃木同学还认为，小铁球在斜面上滚动的过程和电梯下行的情形相似，这个思考角度也很不错。那么，物体下落时，真的会变轻吗？该如何测量下落中的物体的重量呢？

rubby（50多岁）的想法

我觉得这个实验跟在电梯里测体重是一样的。小铁球在向下滚动的过程中之所以会变轻，是因为小铁球做的是自由落体运动，此时小铁球的重量是0克。

原来如此。但是，在这个实验中，秤并没有和小铁球一起下落，能将其看作自由落体运动吗？

隅谷（高中生）的想法

我想了一个追加实验。在实验中，我们看到小铁球在斜面上滚动时，秤上显示的数字变小了。那么，如果我们制作一个箱子状的装置，将小铁球固定在箱子顶部，然后让小铁球竖直下落，结果会如何呢？此时秤上应该只显示箱子的质量吧。

这位同学的想法是对rubby同学的想法的补充。隅谷同学说的装置是如右图所示吗？箱子和秤都保持原状不变，只有小铁球竖直下落。此时，我们可以将竖直下落的小铁球的运动轨迹看作从与水平面成90°的斜面下落的过程，这时，如果我们将小铁球下落的倾斜角度缩小，是不是会发现这就是我们要探究的“在斜面上滚动的小球”实验呢。

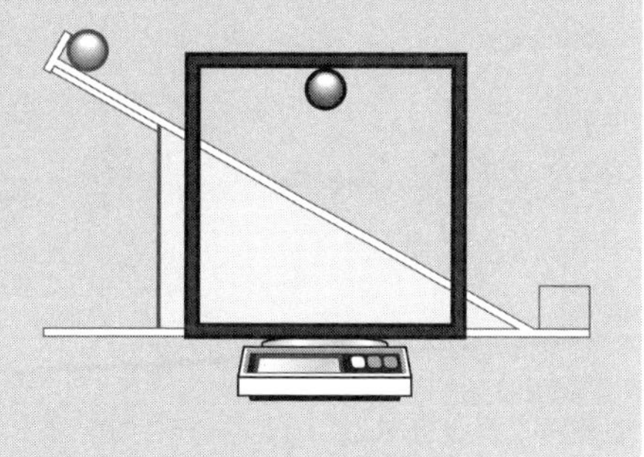

小畑（30多岁）的想法

首先，当小铁球静止时，它受到了一个竖直向下的重力，但是，当小铁球开始运动时，它需要一个朝着运动方向的动能，这个动能将重力分成了两份，所以小铁球变轻了。

小铁球的重量被分成了两份，小畑的这个想法很有趣。但是“需要一个朝着运动方向的动能”是什么意思呢？动能是没有方向的。另外，“动能将重力分成了两份”这个表述也很奇怪，是想表达作用于物体的重力被分成两份的意思吗？

白田（20多岁）的想法

我是一名中学物理老师……秤上显示的数字变小是因为小铁球在斜面上滚动时，重力被分解成了“与斜面平行的、向下的力”和“与斜面垂直的力”。当小铁球停留在轨道顶端时，“轨道顶端支持小铁球的力”和“与斜面平行的、向下的力”相平衡。而当小铁球离开轨道顶端后，就没有力和“与斜面平行的、向下的力”相平衡了，因此小铁球相应地变轻了吧。

解释得非常详细！不愧是物理老师。小铁球施加在斜面上的力包含一个竖直向下的重力和一个与斜面垂直的力。白田的想法大概如下图所示。

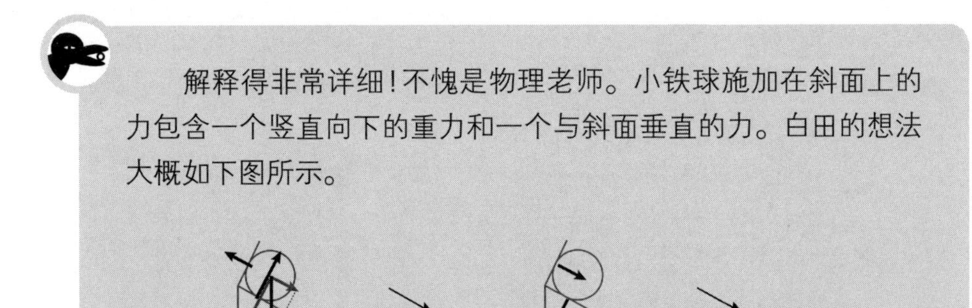

作用于小铁球的力　　作用于斜面的力

柯西（大学生）的想法

假设小铁球的质量为m，斜面的倾斜角为θ，重力加速度为g。小铁球在竖直方向上受到大小为mg的作用力。将这个力分解为与斜面垂直的力和与斜面平行的力，与斜面垂直的力的大小为mgcosθ，与斜面平行的力的大小为mgsinθ。与斜面垂直的力与支撑小铁球的支持力（垂直抗力）相平衡，与斜面平行的力与胶带粘住小铁球的力相平衡，小铁球静止。虽然小铁球与斜面以及贴着胶带的顶端这两个面接触，但最终小铁球受到的重力mg全都作用于三角形台子上。因此，此时秤称出的是三角形台子和小铁球的质量之和。

小铁球脱离胶带后，与斜面平行的力mgsinθ不再作用于三角形台子。准确来说，因为小铁球与斜面之间还是有摩擦力的，所以还是有一点点力作用于三角形台子上，但是在这个实验中我们可以看出小铁球滚动的速度很快，因此小铁球与斜面之间的摩擦力应该非常小。讨论时，我们可以暂且忽略摩擦力。那么，在此状态下，秤称出的便是小铁球垂直向下压斜面的力（mgcosθ）和三角形台子的质量，所以秤上显示的数字变小了。

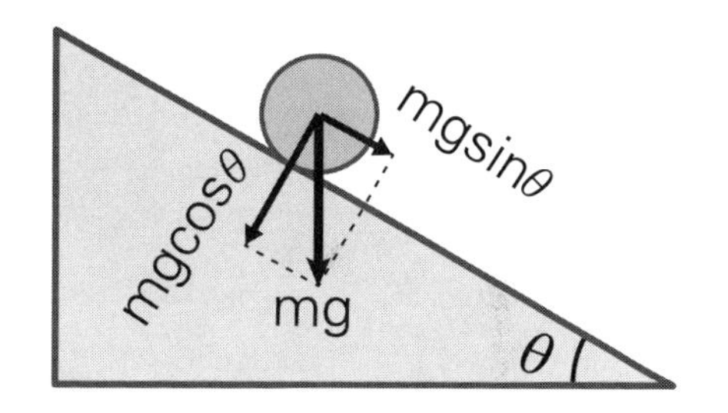

这位同学的意思是小铁球沿斜面加速滚动，所以小铁球受到的力的合力的方向应该是沿斜面向下的吧。此时，斜面对小铁球的支持力（仅有一个）与小铁球向斜面施加的压力相平衡，大小为mgcosθ。比较图中带箭头的线的长度可知，代表小铁球作用于斜面的压力的线比代表重力的线短。

最好可以验证一下事实是否真的是这样。如何证明物体沿斜面滚动过程中质量不会发生改变呢？

无法区分是零重力还是自由下落！

我们之所以能够感受到重力，是因为我们能感受到身体各个部分为了支持作用于它们的重力而导致的肌肉紧张。在零重力的环境下，就不需要这种紧张了。人在自由落体时，身体的各个部分是作为一个整体一起下落的，彼此之间不需要相互支持，因此人会有失重的感觉。

我们从体现白田想法的图中可以知道，小铁球向下滚动时，受到的支持力只来自斜面。此时的小铁球还受到与支持力相平衡的重力的作用。当斜面的倾斜角变大时，小铁球受到的斜面的支持力就会变小，当斜面的倾斜角为90° 时，斜面对小铁球的支持力就为0，此时小铁球便处于零重力（零重量）状态。

运行中的人造卫星内部也处于零重力状态，零重力也叫微重力。关于人造卫星内部为什么处于零重力状态，有人认为人造卫星距离地球很远，所以人造卫星的重力小。但事实上，人造卫星正是受到了地球的引力，才得以围绕地球运转。在距离地球表面400千米左右的位置，人造卫星的重力大约是在地球表面时重力的90%。即便是距离地球38万千米的月球也同样受到地球引力的作用。也有人认为是人造卫星所受到的引力与离心力相平衡使得其内部处于零重力状态。

牛顿通过下图解释了人造卫星的原理。站在山上向水平方向扔石头，石头会飞行一段距离后落地，可将其轨迹标记为A。此时，如果扔石头的力更大一些，即石头的初速度更大一些，石头飞行的距离也会更远，可将其轨迹标记为B。如果石头的初速度不断加大，那么，石头最终会绕地球一周。这就是人造卫星的轨迹，可将其轨迹标记为C。此时，如果继续加速，石头的运行轨迹会呈椭圆形D。石头在轨迹D的基础上如果继续加速，便会挣脱地球的引力，运行轨迹为E。

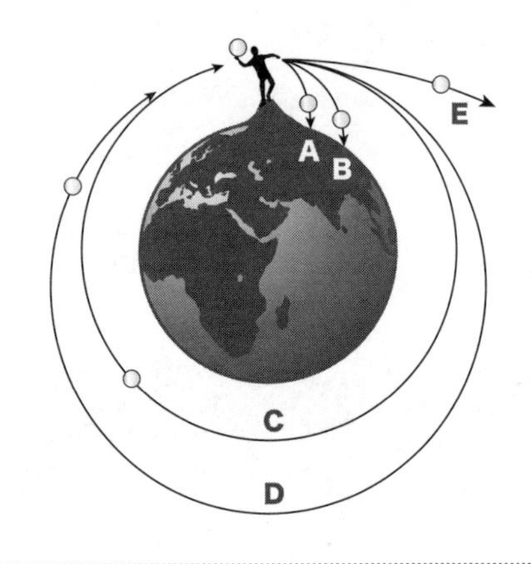

下面这个实验也很有趣，请大家充分运用之前的学习成果，回答问题。

将滑板置于斜面上，再在滑板上放一个装着水的塑料瓶。将二者同时松开，滑板会载着塑料瓶一起沿斜面滑下去。那么，此时塑料瓶中的水面会如何变化呢？选项以塑料瓶瓶盖为正上方描绘了水面的变化情况。

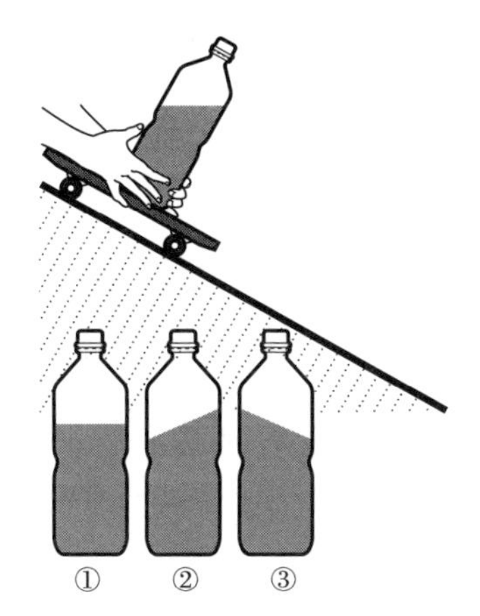

你的想法

请大家再深入思考一下：
离地球不远的人造卫星内部为什么
几乎处于零重力状态呢？

实验11
结果
大家的想法

玻璃管与水

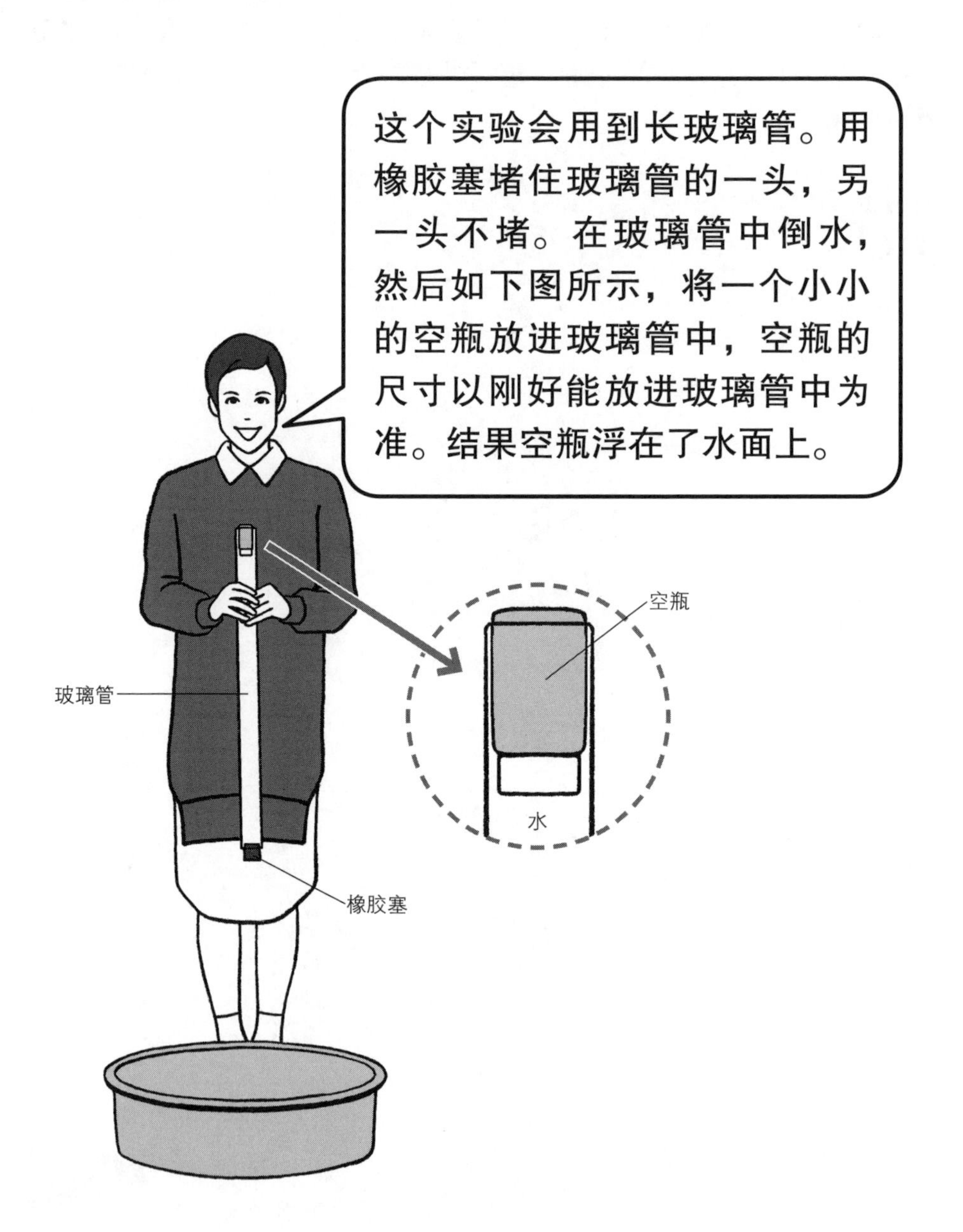
这个实验会用到长玻璃管。用橡胶塞堵住玻璃管的一头，另一头不堵。在玻璃管中倒水，然后如下图所示，将一个小小的空瓶放进玻璃管中，空瓶的尺寸以刚好能放进玻璃管中为准。结果空瓶浮在了水面上。
空瓶
玻璃管
水
橡胶塞

那么，问题来了！如果将玻璃管倒过来，让开口的一侧朝下，空瓶会怎么样呢？

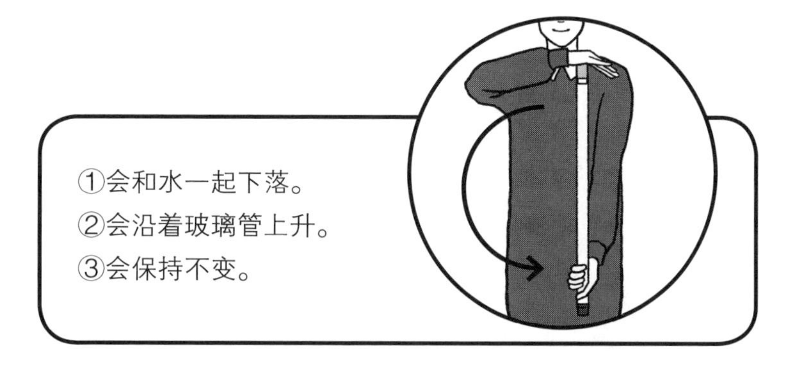

①会和水一起下落。
②会沿着玻璃管上升。
③会保持不变。

假如空瓶的尺寸刚好可以塞紧玻璃管，使得玻璃管即使倒置水也不会洒出来，那么答案就是③，可是我们看到实验者在下面放了一个盆，水看起来好像也是会洒出来的样子，所以空瓶应该会和水一起下落。答案是①吧？

你的答案 [ ]

理由

……………………………………

……………………………………

……………………………………

大家想好了吗？
我们来实际操作一下吧！

实验11
结果
大家的想法

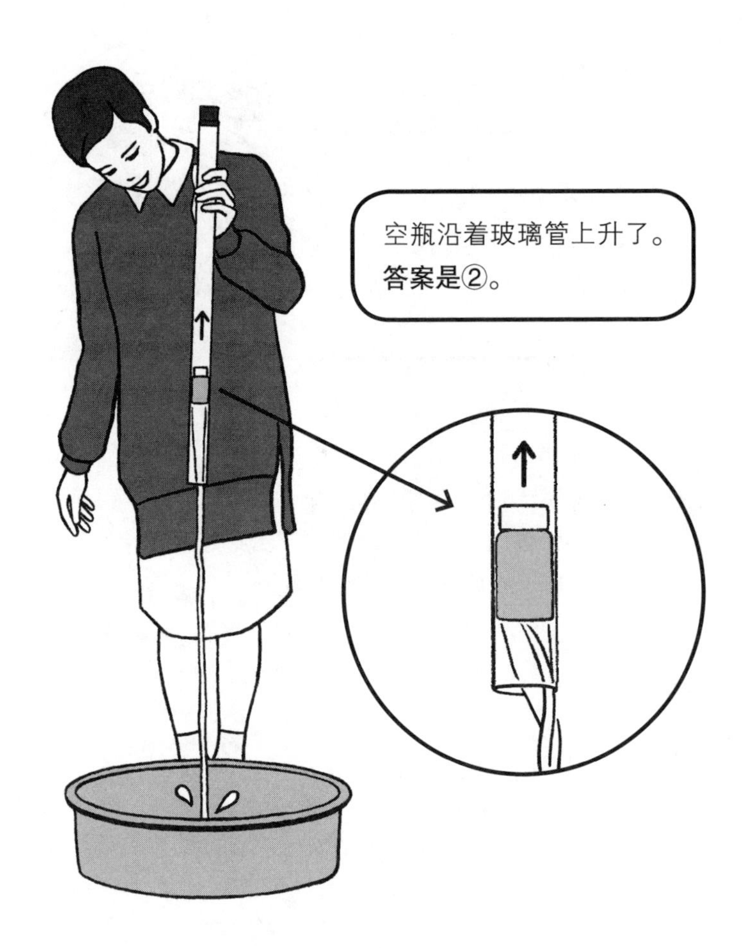
空瓶沿着玻璃管上升了。
答案是②。

但是，为什么会这样呢？

因为水会从空瓶四周流下去，
水流下去后……

你的想法（如何通过实验进行验证呢？）

大家是怎么想的呢？
我们一起看看大家的想法吧。

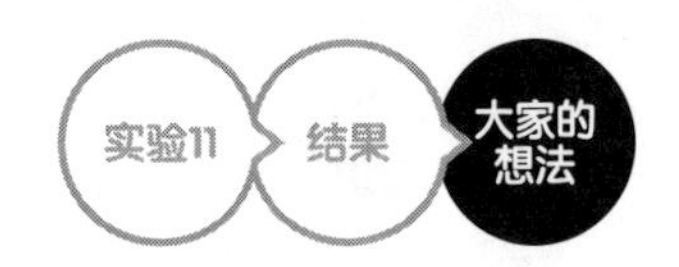

是因为玻璃管里的水变少了，所以空瓶上升了，还是因为空瓶上升把水挤出来了？是水把空瓶吸上来了，还是空瓶被什么东西挤上去了？……希望大家可以暂时忘却常识，去探索实验现象产生的原因。我们先看看小学生们都有哪些奇妙的想法吧。

小铃（小学生）的想法

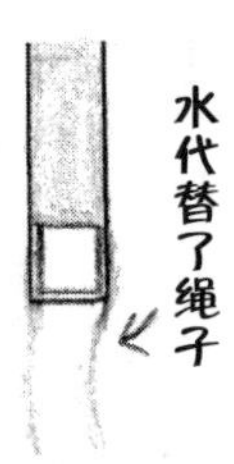

我们知道，拉动控制帷幕升降的绳子，帷幕会上升。这个实验里的水相当于控制帷幕升降的绳子……

这位同学想到了舞台上帷幕升起的情形。他认为“水相当于控制帷幕升降的绳子”，是水将空瓶拉起来了，看起来还真像是这样呢。

小空（小学生）的想法

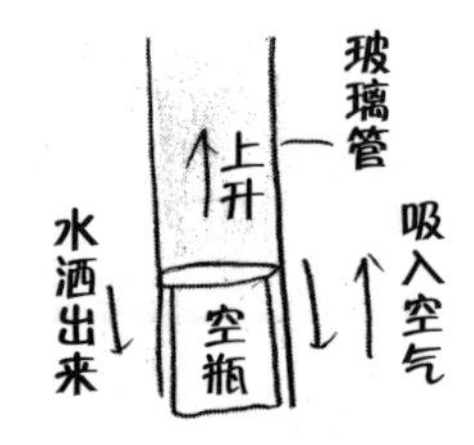

我认为空瓶会在玻璃管中上升是因为玻璃管中的水一直在往出洒，玻璃管中想要吸入空气的力把空瓶一起吸上去了。

“想要吸入空气的力”这个表述很有意思。这位同学认为水里有将空气或空瓶吸进去的力吧？

接下来，我们看看初中生的想法。

小兔兔（初中生）的想法

装有水的玻璃管倒过来的瞬间，水就开始往外流了。本来少了多少水相应地就应该有多少空气进入玻璃管，但是这个实验中有空瓶，空瓶会阻碍外面的空气进入玻璃管。此时，玻璃管内空气的体积就会比较小。我认为玻璃管内空气的体积小的话，玻璃管中的气压就小，而玻璃管外的气压比较大。因此是位于空瓶瓶底附近较大的气压推动空瓶沿玻璃管上升的。

嗯，不愧是初中生。这位同学注意到了空瓶的瓶底与瓶盖之间的压力差，他认为这个压力差是因玻璃管中的水洒落而产生的。但是，假如空气无法进入玻璃管内，那么玻璃管内的应该是水压而不是气压吧。

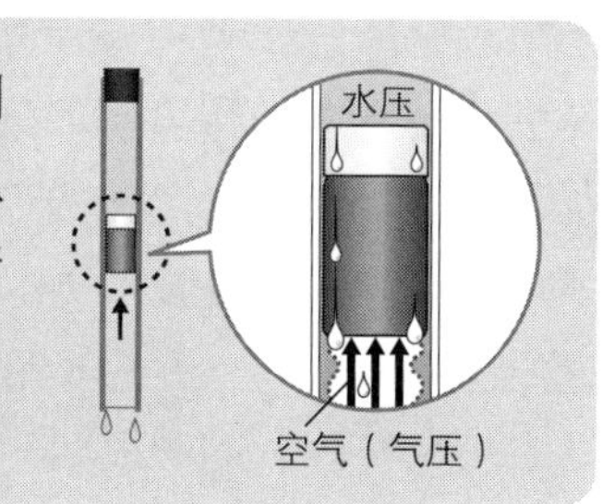

没有负压力！

为什么用吸管可以把果汁吸上来呢？

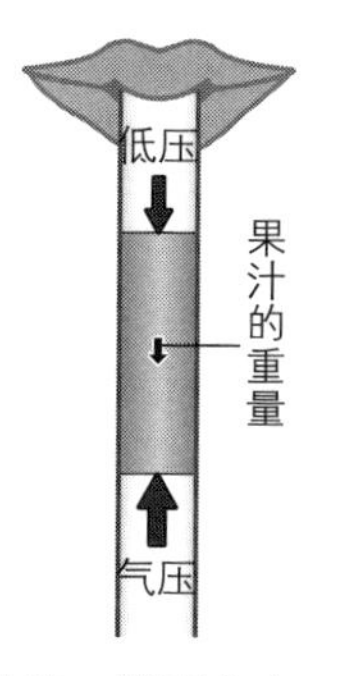

把吸管插在果汁中后，吸管内外的气压是相等的，但是当我们喝果汁时，吸管里的部分空气被嘴吸走了，此时，吸管内的气压就会减小，由于吸管外的气压大于吸管内的气压，所以吸管外的气压将果汁向吸管上方推动，简而言之，是吸管内外的气压差导致果汁被推上去了。

1个标准大气压大致相当于10米高的水柱对其底部产生的压强。因此，即便吸管里都是真空，我们也无法用超过10米的吸管喝到果汁（虽然没有人会这么做）。这个结论可以用“水泵给矿山排水时无法吸出10米以上的水”这一经验验证。我们把液体倒在一个上下均匀（横截面一致）的容器中，由于1立方厘米的水的质量为1克，那么对于10米高的液柱，如果容器的横截面为1平方厘米，那么它里面的水的质量就为1千克，而横截面为1平方厘米的容器中水的质量足有10 000千克，那气压就相当大了。假如在杯子中装满水，之后用厨房用纸之类的物品盖住杯口，并将杯子倒过来，此时，水不会洒出来。请说明一下原因，然后思考，此时盖子会变成以下哪种形状。

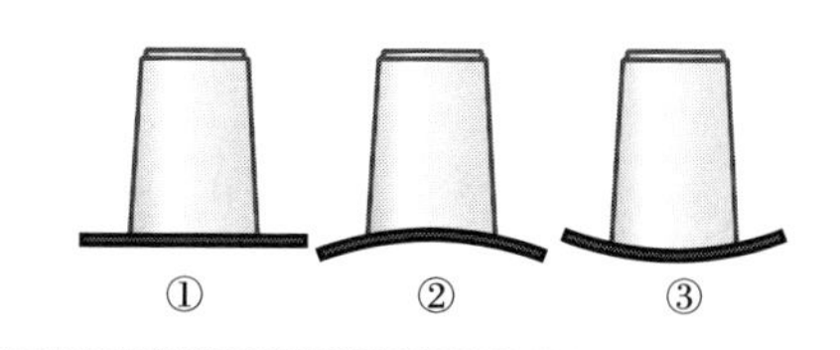

附加题：先用汤渣过滤网（网眼很细密的金属网）代替厨房用纸盖住杯口，接着在杯子中装满水，然后迅速把盖着过滤网的杯子倒过来。明明杯子中装满了水，但是将杯子倒过来后水却没有流出来。这是为什么呢？

山根（高中生）的想法

说实话，我本以为空瓶会在原来的位置不动，所以当看到空瓶上升时，我感到有些惊讶。“水会从空瓶四周流下去，水流下去后……”是要我们思考接下来会怎么样吧。我想接下来应该是“空气无法通过空瓶四周进入玻璃管”吧？如果空瓶与玻璃管之间的空隙很大，空气就会从空瓶四周轻松进入玻璃管内的水中，此时，水应该会洒出来，空瓶也会掉下去吧。反之，如果空瓶与玻璃管之间的空隙太小，空瓶就无法移动……

这个实验中，玻璃管与空瓶的直径以及玻璃管中水的量都选择得刚刚好。

山根同学的想法中有很多自己推导的内容。能够从实际发生的现象出发，深入思考问题这一点很棒。可是，这个“刚刚好”究竟指什么呢？对实验者来说，怎样的选择才算“刚刚好”呢？在解释现象时，如果我们得出的结论不适用于一般情况，那么，这个结论就无法被广泛应用。

味噌海螺（40多岁）的想法

如果不往玻璃管里塞空瓶，直接将装了水的玻璃管倒过来，那么玻璃管里面的水就会洒出来，玻璃管很快就空了。据此可以推断，有多少体积的水从玻璃管中洒出，就会有多少体积的空气进入玻璃管，即玻璃管中的水被空气代替了。

大家都有过倒罐装饮料的经历吧。我们知道，倒饮料时，如果将罐口完全倒过来，这时候想要倒出的饮料与想要进入的空气互相对立，罐中的饮料就没办法顺畅地流出来。可如果将罐口倾斜一下，罐中的饮料与外面的空气在狭窄的出口处都将畅通无阻，罐中的饮料很快就倒出来了。在这次实验中，玻璃管内外相通的地方非常狭窄，里面的水虽然能从缝隙中流出，但空气却无法避开流出的水进入玻璃管。因此不难推测出，玻璃管中有多少水流出，就意味着空瓶会上升多少，随着空瓶不断上升，玻璃管中的水的体积也随之变小。

空瓶本身有一定的重量，空瓶要上升需要有相应的力作用在空瓶上。因此在这个实验中，空瓶要轻到可以浮在水面上这一点很关键。我认为如果空瓶特别重，实验结果应该会有所不同。

能够以倒罐装饮料为例进行解释非常好。但这个解释能否令人信服呢？这位朋友认为“有多少体积的水从玻璃管中洒出，就会有多少体积的空气进入玻璃管”，为什么一定会这样呢？“想要倒出的饮料与想要进入的空气互相对立”“罐中的饮料与外面的空气在狭窄的出口处都将畅通无阻”，这些要如何用力学的相关知识解释呢？“玻璃管中有多少水流出，就意味着空瓶会上升多少”是指水使空瓶上升吗？还有，“空瓶要轻到可以浮在水面上”是这个实验的必要条件吗？

希望大家可以一一验证。

请大家再深入思考一下：

十几米高的大树是如何汲取水分的呢？

实验12
结果
大家的想法

手推车与气球(二)

这个实验也会用到手推车和气球，是实验3的追加实验。这次实验使用的气球和实验3使用的气球一样大，但是为了让气球重一些，实验者在气球里装了一些水，然后将加了水的气球悬挂在透明箱子顶部。
透明箱子
实验3使用过的气球
装了一些水的气球
手推车

那么，问题来了！通过实验3我们知道，向前推手推车时，飘浮的气球会向前倾斜。那么，在本次实验中向前推手推车时，悬挂的气球会怎么样呢？

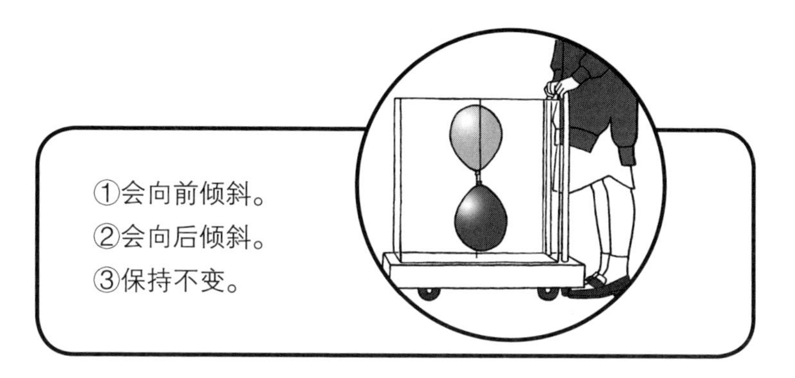

这和地铁里的拉环类似。所以答案是②吧？

你的答案 [ ]

理由

……………………………………………………

……………………………………………………

……………………………………………………

大家想好了吗？
我们来实际操作一下吧！

气球向后倾斜了。**答案是②**。由这个实验可知，向前推手推车时，轻的气球会向前倾斜，而重的气球则会向后倾斜。

但是，为什么会这样呢？

我们所说的气球的“轻”“重”是相比什么而言的呢？箱子里除了有气球，还有空气……

你的想法（如何通过实验进行验证呢？）

大家是怎么想的呢？
我们一起看看大家的想法吧。

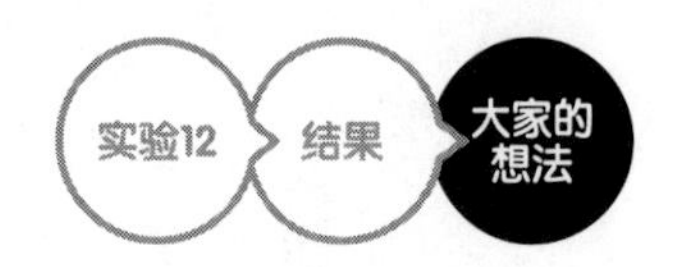

思考实验3的现象产生的原因时，有人提出了这样一个假说，向前推手推车时，比空气重的气球会向后倾斜，据此，我们做了这个追加实验。其实，我们在试图解释一个现象的过程中，经常会提出新的假说，验证假说可以使我们的解释越来越接近答案，但我们有时却无法得到一个完全正确的答案。这正是学习自然科学的乐趣所在。

沼纪（高中生）的想法

这是一个非常有趣的实验！在实验3中，因为气球排开的空气的质量大于气球的质量，箱内的空气由于惯性会对箱壁产生挤压，同时箱壁对空气会有一个反用力。这个反作用力大于气球因惯性对空气产生的向后推的力，所以气球向前倾斜。

但是，这次实验中气球排开的空气的质量小于气球和水的质量，所以箱壁对空气的反作用力小于气球因惯性对空气产生的向后推的力，所以向前推手推车时，气球向后倾斜了。

很高兴你喜欢这个实验！大家学习过惯性吗？惯性是什么呢？希望大家可以再认真思考一下气球都受到了哪些力的作用。

又兵卫（40多岁）的想法

因为物体具有惯性，所以静止的物体会保持静止。质量大的物体无法轻易被移动就是因为移动质量大的物体需要很大的力。实验3中箱子里的空气与气球中的气体相比，空气更重，因此向前推手推车时，空气没有跟着手推车一起向前移动，而是积聚到了箱子后方。质量较小的气球受到来自它后方的空气的推挤，最终向前倾斜。

在这次实验中，我们在箱子里悬挂了一个装有水的气球。之所以将气球悬挂着是因为装有水的气球的密度比空气的密度大。由于装有水的气球的密度比空气的密度大，因此气球会停留在箱子后部，即气球会向后倾斜。

从物质的密度而非质量的角度去思考问题很不错。但如果实验中的气球是一个和空气密度相同的气球，气球还会向后倾斜吗？

铃木（小学生）的想法

重的东西不容易移动。在铺着桌布的桌子上放一个咖啡杯，然后猛然抽走桌布，结果咖啡杯依旧停留在桌子上。

这个实验就像变戏法一样，为什么要猛然抽走桌布呢？

深入思考

请大家先用实际作用在气球上的力来解释一下实验3和实验12的现象，然后再用目前所了解的知识预测下面这个实验的结果。

如右图所示，突然移动装满水的塑料瓶，漂在水中的吸管和曲别针分别会发生怎样的变化？请大家思考一下出现这一实验结果的原因。这个原因可能会成为一个新的假说，请大家想出一个可以验证该假说的实验，并跟朋友或家人讨论。

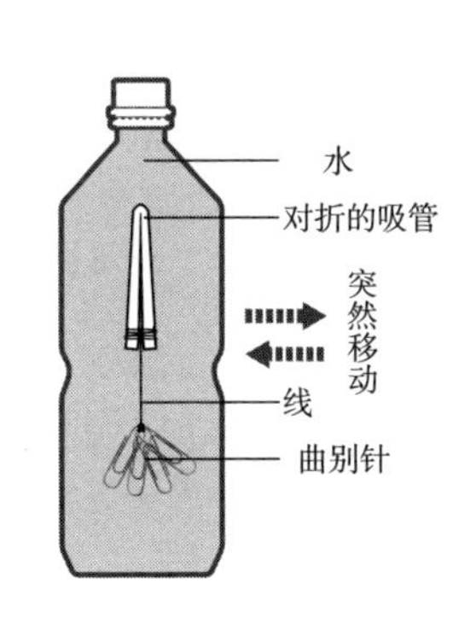

请大家再深入思考一下：
重的东西为什么不容易移动呢？

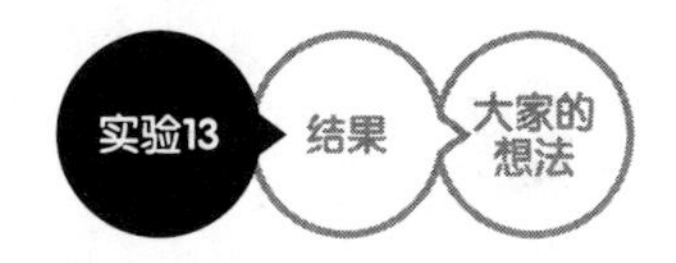
实验13
结果
大家的想法

塑料瓶与水

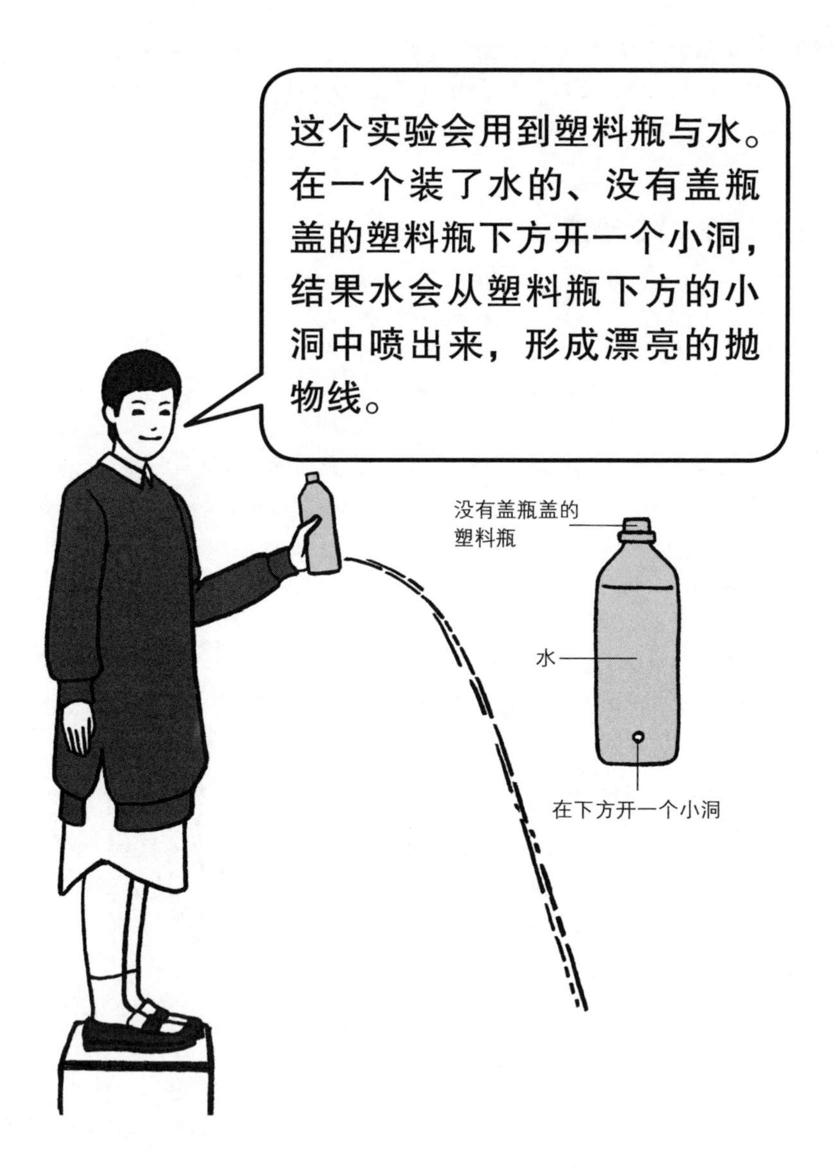
这个实验会用到塑料瓶与水。在一个装了水的、没有盖瓶盖的塑料瓶下方开一个小洞，结果水会从塑料瓶下方的小洞中喷出来，形成漂亮的抛物线。
没有盖瓶盖的塑料瓶
水
在下方开一个小洞

那么，问题来了！此时如果松开手，让正在喷水的塑料瓶自由下落，会出现什么现象呢？

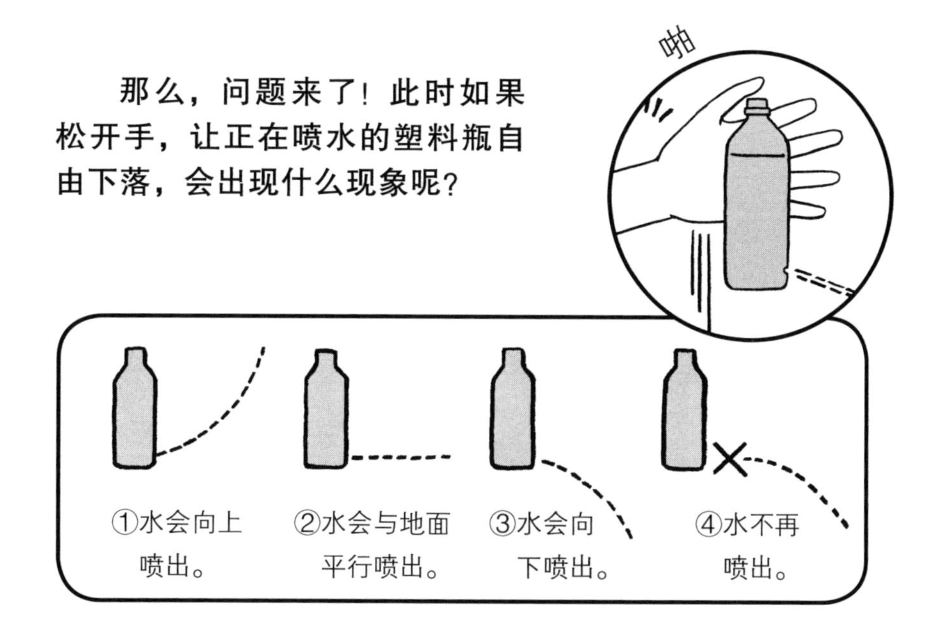

假如没有空气阻力，一切物体都应同时下落，但是喷出的水会受到空气阻力的作用，因此，水应该会向上喷出吧。答案是①吧？

你的答案

理由

大家想好了吗？
我们来实际操作一下吧！

在塑料瓶自由下落的瞬间水便不再喷出。**答案是④。**

但是，为什么会这样呢？

用手拿着塑料瓶时，水因重力作用压在塑料瓶内壁上。但是，松开手后，塑料瓶和水同时下落……

你的想法（如何通过实验进行验证呢？）

大家是怎么想的呢？
我们一起看看大家的想法吧。

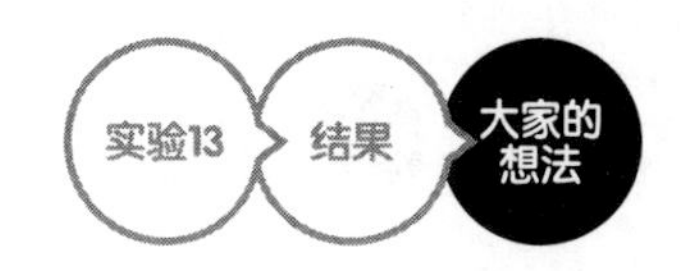

解释这个实验现象的关键词是“重力”与“压力”。我们先看看小朋友们都是怎么想的吧。

谜人（小学生）的想法

塑料瓶下落时，空气通过塑料瓶下方的小洞进到瓶中，将小洞堵住了，所以水喷不出来了。

这位同学的想法是既然水喷不出来，就说明塑料瓶上的小洞被什么东西堵住了。这位同学确实认真思考了。但是，既然认为是空气把小洞堵住了，那么，为什么塑料瓶下落时空气会堵住小洞呢？

关于这个问题，下面这位小学生尝试进行了解释。

隆弘（小学生）的想法

我认为塑料瓶下落时，空气堵住了小洞，所以水喷不出来。塑料瓶下落时，与风从下方吹向塑料瓶的情形是一样的，所以是风堵住了小洞。

真的是这样吗？希望大家亲自验证一下。大家看看这个实验怎么样？如右图所示，将塑料瓶放入透明的箱子，然后松手任其下落。

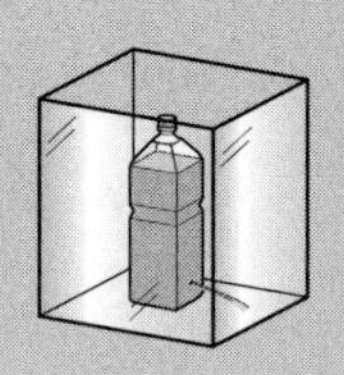

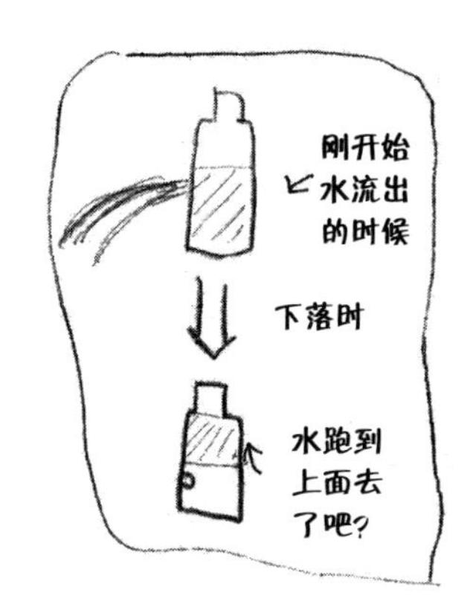

青井（小学生）的想法

我认为刚开始水会流出来，但是随着塑料瓶下落，水会跑到瓶子上方去，瓶子下方就没水了吧？

原来如此，通过实验我们可以看出水还是位于瓶子下方。但是，为什么这位同学会认为水跑到上方去了呢？这或许是与前面几位小学生想法不同的地方。那么，水下面的空气真的是通过小洞进入瓶子的吗？如果是的话，我们也可以认为是因为“空气堵住了小洞”所以才出现了该实验现象。

气压与水压

通过学习物理知识，我们知道水压是因上方的水的重力产生的，气压是因上方的空气的重力产生的。想要弄清楚塑料瓶下落时水为什么没有从小洞中喷出，我们需要先思考水为什么会流出来。让我们想一想，作用于喷出的水即塑料瓶上小洞附近的水的力都有哪些呢？在竖直方向上，塑料瓶内小洞附近水的上下水压差与水的重力相平衡，但在水平方向上，水压和气压始终向右，而小洞外只有气压，因此，此时小洞附近的水受力不平衡。右图呈现的是水从塑料瓶上不同位置的小洞中喷出来的流向情况。

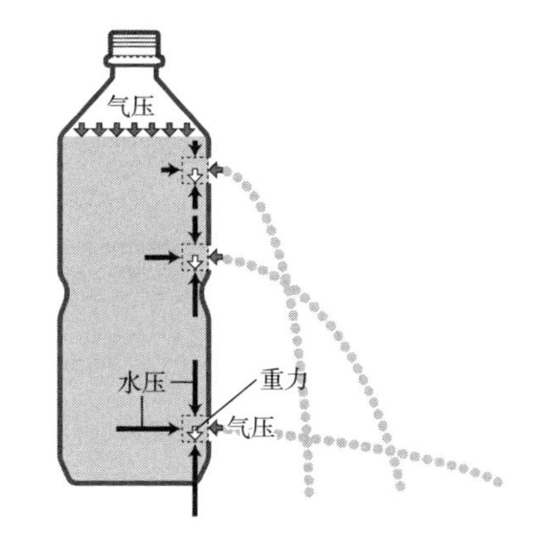

若将此次实验使用的塑料瓶向上抛出，小洞处的水会如何变化呢？

①从开始上升一直到落地都不会喷出。

②只在下落的时候不喷出。

③只在最高点附近时喷出。

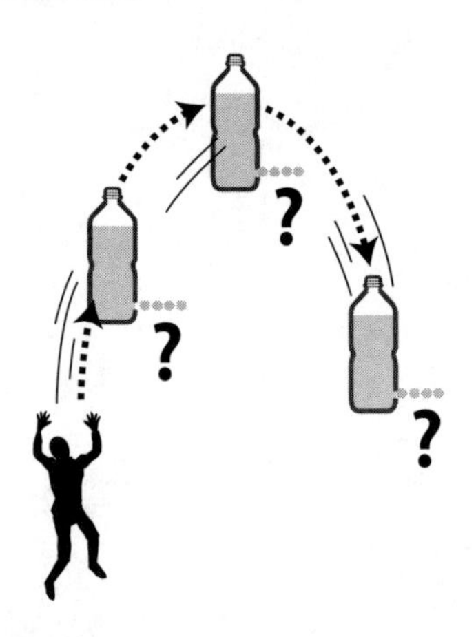

Y.O.（高中生）的想法

将塑料瓶拿在手中的时候，敞开的瓶口会受到大气的压力，但是松开塑料瓶后，塑料瓶中水的质量就变成了导致下落的重力，于是敞开的瓶口处就不再受大气压力的作用了。

原来如此，这位同学认为水没有喷出来不是因为小洞被堵住了，而是因为瓶口处不再受大气压力的作用了。为什么会这样想呢？将开了一个小洞的塑料瓶的瓶盖盖上之后，即使不松手让塑料瓶下落，水也不会从小洞中喷出。但是，我们无法保证这个实验与之前的实验现象完全相同。我们该如何验证呢？除此之外，还有一点我不太理解，“水的质量就变成了导致下落的重力”是什么意思呢？跟下面这位小学生说的是一回事吗？

干支（小学生）的想法

我本来觉得答案是①，但想到平时手中的饮料瓶往下掉的时候饮料并没有上升，所以又觉得答案应该是④。至于小洞中的水为什么会停止喷出，我觉得是提示中给出的“重力”在一瞬间消失了造成的。

这位同学认为水喷出来是因为受到了重力的作用。但是，假如塑料瓶下落时水的重力消失了，那水为什么会下落呢？

文学系（大学生）的想法

水没有喷出来这个结果跟我想的是一样的。我认为松开手中的塑料瓶时，塑料瓶会和水同时下落，因为重力不再作用于水了。

将塑料瓶拿在手中的时候，手给了塑料瓶一个抵抗重力从而不下落的力，所以水只有因为受到了重力的影响而下落时，才会从小洞中喷出来。松开手后，塑料瓶下落时，水和塑料瓶都处于自由下落状态，从水的角度来说，没必要特地从小洞中喷出来吧。

“从水的角度来说，没必要特地从小洞中喷出来”这个表述非常有趣。类似于静止的物体在没有受到外力作用时，就不会发生运动。这样的表述虽然有些文艺，但是我很喜欢。

请大家再深入思考一下：
假如宇宙空间站内部处于零重力状态，
宇宙飞船内部的气压也是零吗？

铝制易拉罐与图钉

这个实验会用到铝制易拉罐。将两个易拉罐分开放在聚苯乙烯泡沫板上，然后将一根拴着一枚图钉的吸管如下图所示放在两个易拉罐上面。然后，用布使劲摩擦聚氯乙烯树脂管，使管子产生静电。此时，拿一张纸靠近管子，我们发现纸会被管子吸住。

那么，问题来了！用带静电的管子摩擦左侧的易拉罐，将静电转移至左侧易拉罐上。反复进行这一操作，使左侧易拉罐上的静电越来越多。图钉会如何变化呢？

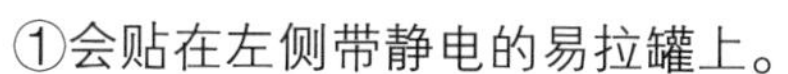

①会贴在左侧带静电的易拉罐上。
②会贴在右侧的易拉罐上。
③会像单摆一样左右摆动。

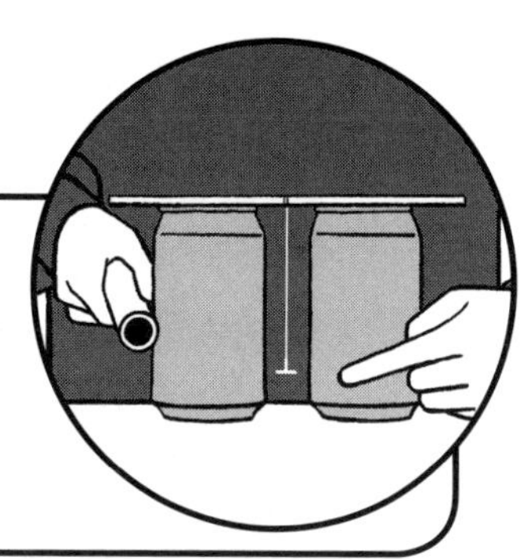

将垫板在头发上摩擦后，靠近纸巾，纸巾会贴在垫板上。虽然图钉稍重一些，但是图钉是用线悬挂着的，所以图钉应该会被吸过去。所以，答案是①吧？

你的答案

理由

大家想好了吗？
我们来实际操作一下吧！

实验14
结果
大家的想法

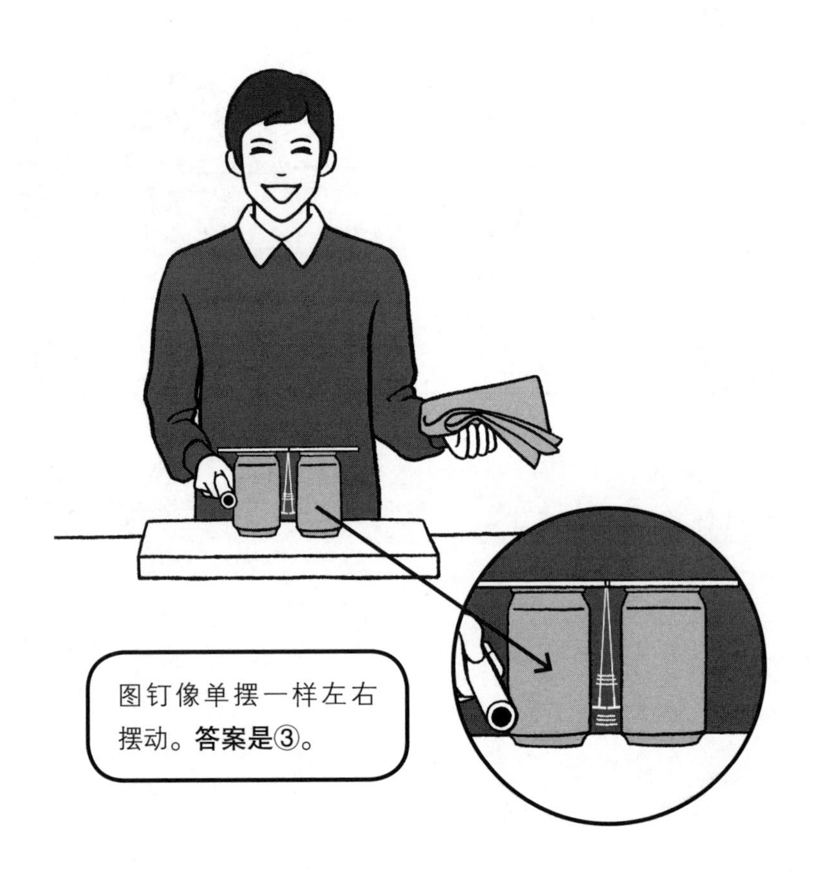
图钉像单摆一样左右摆动。答案是③。

但是，为什么会这样呢？

因为易拉罐存储了一定的静电后，会吸引图钉，于是，易拉罐上的静电就转移到了图钉上，同理……没错，当图钉停止摆动后，我们用手再次触碰右侧的易拉罐，结果，图钉又像单摆一样摆动了起来。

很有趣吧！

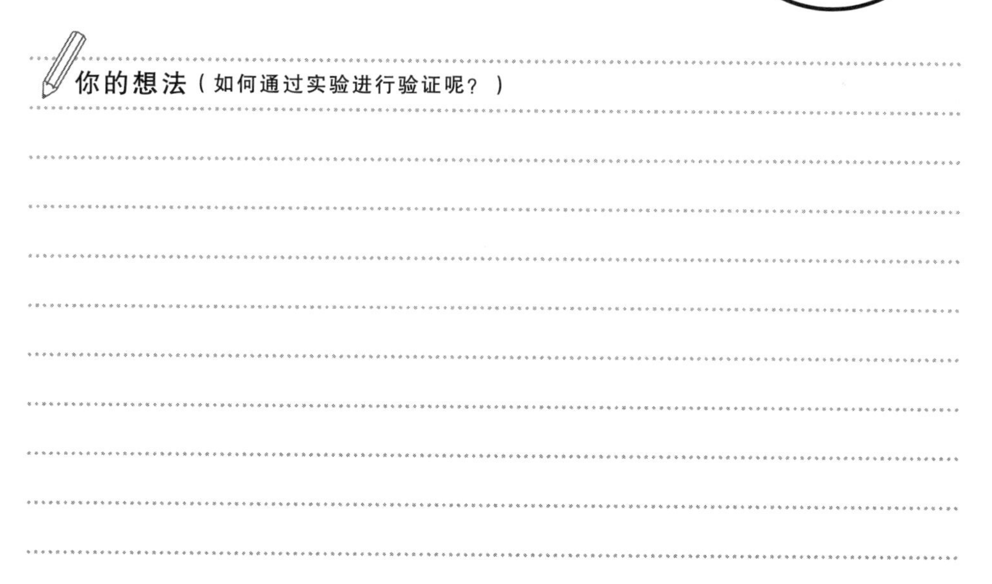

你的想法（如何通过实验进行验证呢？）

大家是怎么想的呢？
我们一起看看大家的想法吧。

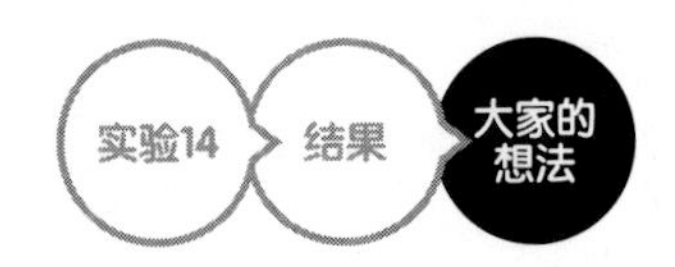

大家讨厌静电吗？我们虽然看不见电，但是我们相信电无时无刻不在我们身边，电流和静电都是电。大家学过有关电的知识吗？请大家亲自确认电的存在吧。

不二雄（大学生）的想法

我认为其中一个易拉罐上的静电，通过吸管传到了另一个易拉罐上。结果两个易拉罐都带有静电了，因此，图钉受两边易拉罐上静电的影响开始左右摆动。

这位同学认为吸管将静电从一个易拉罐转移到了另一个易拉罐上。但是，吸管好像不导电吧？假如为了转移静电，用导线将两个易拉罐相连接，又会出现怎样的现象呢？假设静电能够通过吸管转移到另一个易拉罐上，从而吸引图钉，那不把图钉放在两个易拉罐之间，而是放在其中一个易拉罐的外侧，结果又会如何呢？

验证上述假说的方法很多，大家一定要认真研究。

思考了的乌鸦（初中生）的想法

图钉接触到左侧的易拉罐时，左侧易拉罐上的静电就转移到了图钉上，此时图钉也有了磁性，所以图钉会与左侧的易拉罐相斥并顺势贴在右侧的易拉罐上。由于静电被传到了右侧的易拉罐上，所以右侧的易拉罐也有了磁性。同理，当图钉靠近右侧的易拉罐时，也会因为与右侧有磁性的易拉罐相斥而向左侧摆动。这一现象应该会一直持续下去，直到左右两侧易拉罐的电量差为零。

这位同学的解释非常清晰。他认为图钉被吸引的原因是电，那么电可以产生磁力吗？静电能制作出电磁铁吗？磁铁会因为垫板上的静电而吸住垫板吗？请思考一下如何验证静电与磁力之间的关系？亲自做一下实验吧。

从静电到电流

在做实验之前，先教大家一个能高效积累静电的方法。在实验14中，我们通过用带静电的聚氯乙烯树脂管摩擦易拉罐，使易拉罐产生静电。其实，我们可以让聚氯乙烯树脂管靠近但不接触到易拉罐，然后用手指轻触易拉罐后迅速移开手指，随后让聚氯乙烯树脂管远离易拉罐。为什么这样做可以积累静电呢？要想知道易拉罐上有没有积累静电，可以如下图所示，在阴暗处将荧光灯管靠近易拉罐，看灯管会不会在一瞬间亮了。

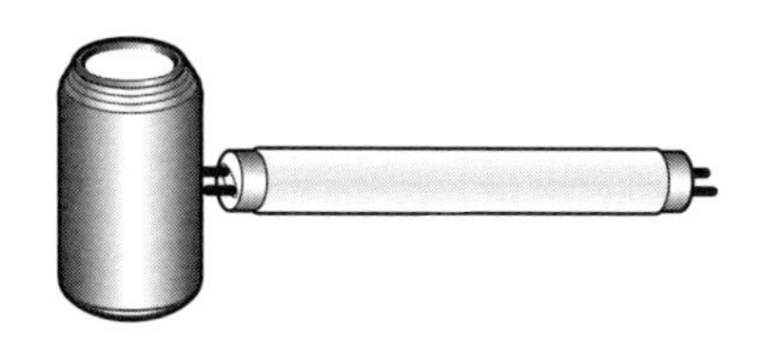

准备2个易拉罐、1个单摆，要和实验14使用的相同，然后去做各种实验。可以用攒成团的纸巾、铝箔、塑料片等代替图钉悬挂在吸管上，记得要先预测结果再做实验。另外，还可以用金属棒、一次性筷子等代替吸管去做实验，看看会出现怎样的结果。

古希腊时期，人们就已经知道静电和磁铁的存在了。他们会用布摩擦琥珀，这样布就会产生令灰尘吸附在布上的神奇力量，电的英文“electric”就是源自希腊语“electricus”(琥珀)。

18世纪时，人们发明了能产生强力静电的设备，因此，静电实验在当时非常盛行。富兰克林的风筝实验也是在18世纪做的。后来，伏打发明了伏打电堆。因为伏打电堆是将大量的电池串联、堆叠在一起，所以伏打电堆不像静电那样只产生瞬间电流，而是可以产生更加持久的电流。伏打能想到将电池串联在一起真是太厉害了！

请大家再深入思考一下：
静电与电流是同一种东西吗？

实验15
结果
大家的想法

吹风机与气球

这个实验会用到吹风机和气球。打开吹风机，让它吹冷风。然后将气球放到吹风机上方，松手，气球飘浮到空中去了。接下来，将手臂放在吹风机和气球之间，结果气球往下落了一点儿，看来气球是因为下面的吹风机吹出来的风飘浮在空中的。

那么，问题来了！打开吹风机，像刚才那样让气球飘起来。然后按下图的角度倾斜吹风机，气球会如何变化呢？

①会依旧飘浮在空中。
②会掉下去。
③会被吹跑。

当气球位于吹风机正上方时，气球的重力与来自下方的风对它的支持力相平衡，因而气球会飘浮在空中。但是，当吹风机倾斜时，朝着斜上方吹的风作用于气球的支持力与气球重力的方向不同，重力是竖直向下的，此时气球上下方受到的力是不平衡的，所以气球应该会被吹跑吧。答案是③吧？

你的答案 [ ]

理由

大家想好了吗？
我们来实际操作一下吧！

气球依旧飘浮在空中。**答案是①**。但是，继续倾斜吹风机的话，气球就掉下去了。

但是，为什么会这样呢？

气球周围都是来自吹风机的强劲气流。
气流速度越快……

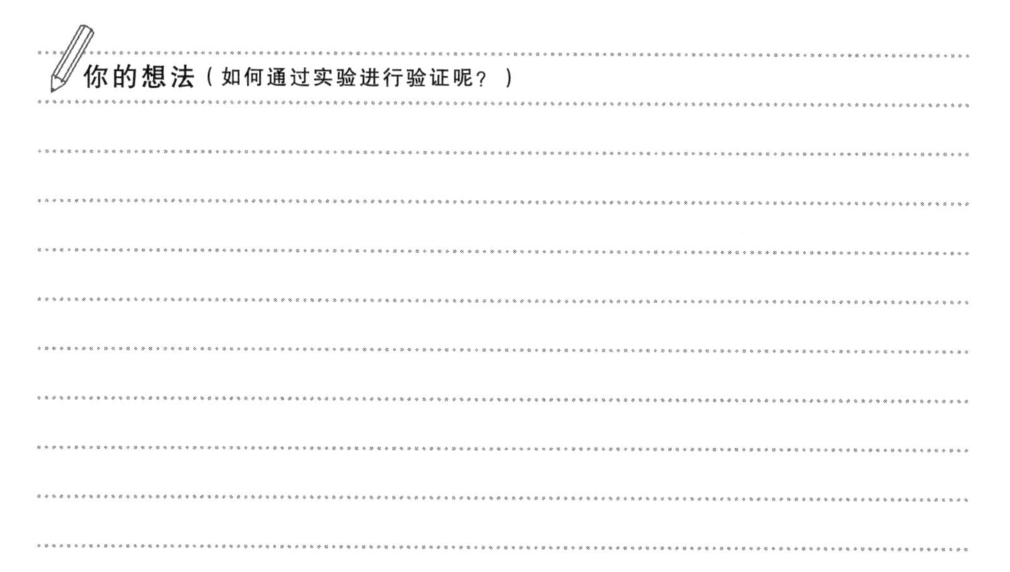

大家是怎么想的呢？
我们一起看看大家的想法吧。

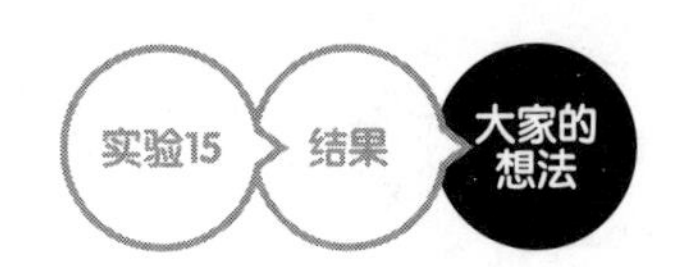

以前有一款名为“悬浮吹球”的经典玩具很受小朋友们的欢迎，现在那款玩具已经不是很常见了。这个实验与悬浮吹球的原理一样，可是要将这个实验现象解释清楚，其实还挺难的。

心心（小学生）的想法

吹风机向上吹风时，气球也会向上运动。但是，当吹风机吹出的风在气球周围形成一个气团后，气球就没有办法“冲”出气团，就会停留在风形成的气团里。

在这个实验中，风来自吹风机，即使从侧面吹，风也是不变的。所以我觉得吹风机倾斜时，依然是来自吹风机的风使气球飘浮在空中。

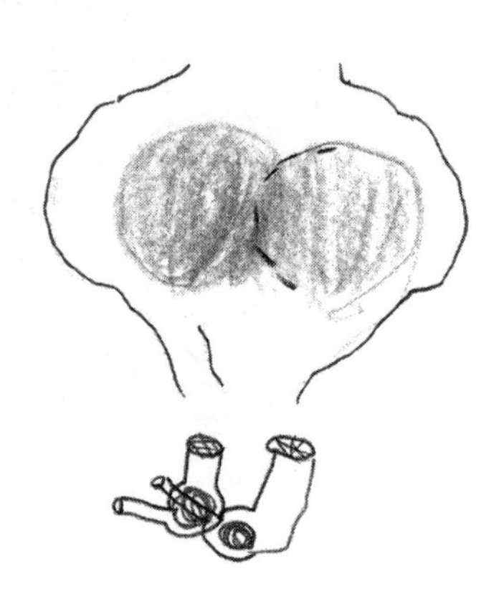

气球在风的包围下动弹不得，这个想法很有意思。可是气球一直会受到竖直向下的重力的作用，因此，无论风朝哪边吹，都必须要有一个与气球的重力相平衡的力作用于气球，才能使气球飘浮在空中。朝斜上方吹的风包围住气球后，要如何对气球产生一个向上的力呢？

为此，我们需要了解气流的运动路线。下面这位初中生的想法为我们提供了一个思路。

水杨酸（初中生）的想法

当吹风机朝斜上方吹风时，如果我们从出风口下方向气球扔碎纸屑，纸屑会如何运动呢？

这位同学是想研究气流的运动路线吧？这个想法似乎很不错。但是，知道气流的运动路线之后，我们就能找到这个实验现象产生的原因了吗？这位同学是想先弄清楚气流的运动路线之后再思考吗？你认为气球飘浮的原因是什么呢？

太郎（初中生）的想法

吹风机向斜上方吹出来的风遇到气球之后，分成了两股。当向上吹的风更大时，气球便会飘浮在空中。因此，在吹风机倾斜到一定的程度之前，气球依旧可以飘浮在空中。

这位同学认为“风遇到气球之后，分成两股”这一点很重要。这个想法与之前“包围”的想法有相似之处，只是这位同学认为往上吹的风与下方水平方向上的风的强度之差与气球的重力相平衡。但是从斜下方吹时，气球在水平方向上似乎被吹开了一段距离，水平方向上的力又是如何平衡的呢？

ping（初中生）的想法

吹风机吹出来的气流遇到气球后，会沿竖直方向或水平方向流到气球周围，形成洋葱状的气流。此时，气球周围的气流起到了阻止气球脱离气流方向的作用。这就是我大致的想法……

我没有办法按照提示的“气流速度越快……”进行解释。如果将这个实验中的风换成水，大概也会出现同样的现象吧？例如，可以用装有水的橡皮管和沙滩球做实验。如果有机会我一定要试试。

气流包围住了气球，从而阻止气球脱离气流方向的这个想法，是基于对平衡位置稳定性的认知吧。那么，问题来了！使这个位置稳定的点是如何形成的呢？

既然这位同学想到了将风换成水，那就一定要去试试哦。如果是因为气流包围了气球才使气球保持稳定这个假说正确，那么橡皮管中的水也必须包围住沙滩球才行。大家可以先试试把弹珠或高尔夫球之类的小球放在从橡皮管中流出的水的正上方，看看小球是不是能在空中保持稳定。

游星（小学生）的想法

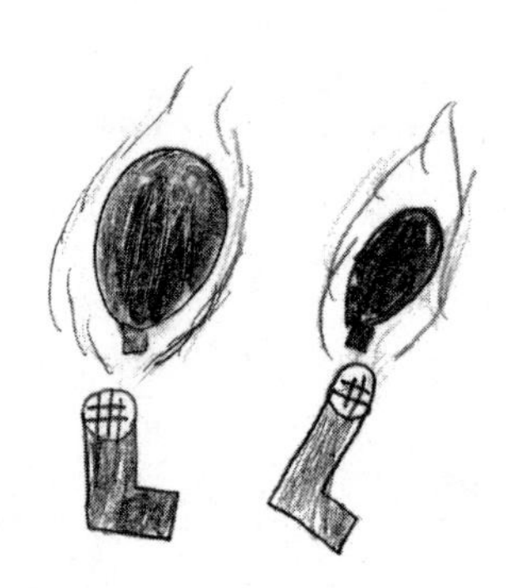

我觉得气球能一直飘浮在空中，是因为风会如右图所示包围住气球，使气球一直保持左右平衡，即无论风稍稍向右倾斜还是稍稍向左倾斜气球都不会掉落。

游星同学认为气球能飘浮在空中是因为作用在气球上的力是平衡的，对吧？那么，是作用在气球上的哪些力相平衡呢？当气球稍稍偏离原来的位置时，又是什么力使其回到原位的呢？请试着说一说原因。

大家可以研究一下，是气球的形状在实验中起了作用，还是吹出的风遇到物体时有什么力作用在了物体上？

NEWYORKER（40多岁）的想法

气球飘浮在空中，不仅跟气球竖直向下的重力与吹风机向上吹的空气阻力相平衡有关，根据流线曲率定理（在流线弯曲的运动流体中，气压梯度与流动速度的平方成正比），还与将气球推向稳定中心的力有关。

假设气球在某一时刻即将脱离吹风机吹出的风，那么，已经脱离了风的那一部分表面的气流就会减弱，流线曲率定理便起不了什么作用了，而此时还没有脱离风的那部分气球，因为表面空气流动速度快，所以其靠近吹风机一侧的压力会变小，因此，气球此时会受到拉力的作用。于是，气球被拉回了气流的稳定中心，即气球被“关”在了吹风机吹出的气流中并保持稳定状态，如右图所示。

当慢慢倾斜吹风机时，气球依然飘浮在空中。仔细观察实验中气球的位置，我们可以看到，气球稍稍偏离了吹风机吹出的气流方向。由于气球有重力，所以气球下方也会偏离吹风机吹出的气流方向。在气球上方产生的向上拉气球的力与气球所受到的吹风机吹出的风对气球施加的推力以及气球的重力相平衡，才使得气球停留在了空中，如右图所示。

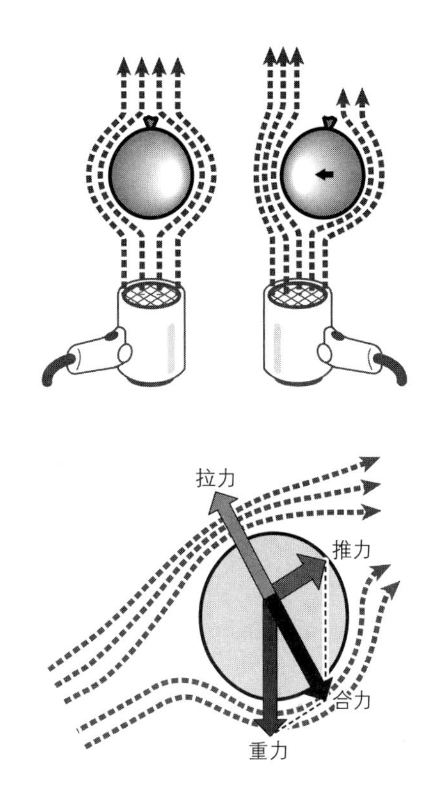

终于出现了一个类似于用流体力学解释这个实验现象的解释了。对很多人来说，这个解释中有很多我们不懂的知识。流线曲率定理究竟是什么？流线曲率定理可以解释这个实验现象吗？在这个实验中，应该如何运用流线曲率定理呢？需要我们探索的知识还有很多。

掌握的知识越多，我们需要探索的也就越多。这便是学问，这也是做学问的乐趣所在。

❗深入思考

大家觉得下面这个想法怎么样？

实验中的气球受到了竖直向下的重力F_1的作用（实际上，气球也会受到浮力的作用，这里将浮力包含在重力F_1内）。当吹风机的风吹到气球的左下方时，气球会受到风的推力F_2，这两个力的合力就是右图中的F_{12}。为了使气球保持稳定，此时，气球需要一个与F_{12}相平衡的力F_3。因此，解释这个实验现象的关键是F_3这个力是如何作用在气球上的。但是，通过实验可知，似乎除了风的流动之外没有其他原因了（需要注意的是，右图只是帮助大家思考的一个粗略的示意图）。

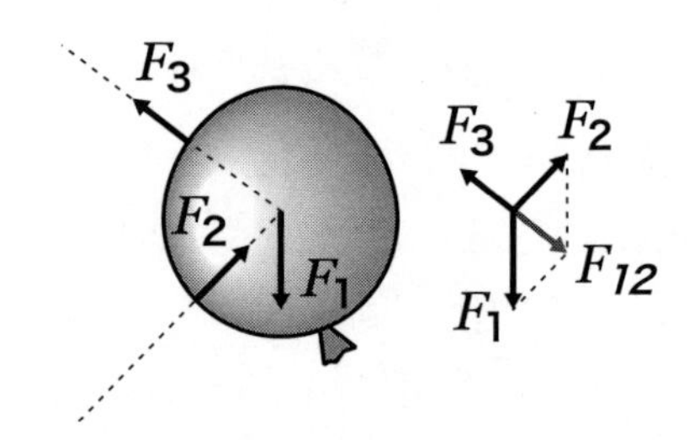

因为F_1是固定不变的，为了使气球保持稳定，当气球的位置发生改变时，F_2和F_3的合力的方向应该会朝着使气球回归原位的方向变化。大家可以研究一下是否存在这样的力。接下来请大家自行思考……

解释这个实验现象的思路有两个：一是彻底学习流体力学；二是从实验事实中彻底研究和分析作用在气球上的力都有哪些，并自己动脑做出合理的解释。这些思考的过程和结果最终都会被归纳为流体力学的理论。掌握了流体力学的知识后，大家就可以将其应用于同样的现象中了。

然而，一个人无法做到全都通过实验去构建理论，因此我们会通过书籍和课堂去高效地学习理论知识。但是，囫囵吞枣，只记住一些理论其实没有太大的意义。包括流体力学在内的一切自然科学理论，应该都是为了理解那些我们实际观测到的各种现象而总结出来的。简言之，自然科学的疑问和答案全部都存在于自然界之中。

当大家在工作或学习中遇到瓶颈时，可以试着回到问题的起点，重新思考自己为什么要做这件事情，可能就会有新的收获。

接下来再向大家提一个问题。用手捏住勺柄，使其靠近水龙头，然后用勺子的凸面去触碰流下来的自来水。勺子会如何变化呢?

①会向右倾斜。

②会向左倾斜。

④不会倾斜。

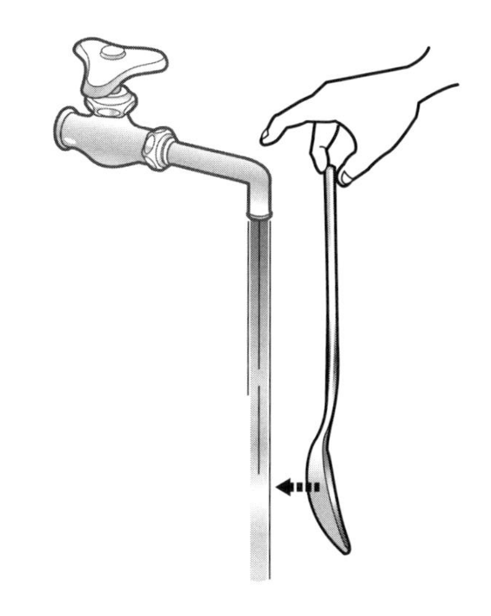

你的想法

请大家再深入思考一下：

支撑飞机在空中飞行的支持力的反作用力作用在哪里呢?

实验16
结果
大家的想法

两个发动机

这个实验会用到电池与发动机。将两个相同型号的发动机串联在一起并连上电池。在两个发动机上分别安装一个做了标记的圆盘。然后打开开关，接通电源，此时发动机开始转动。

那么，问题来了！用手抓住其中一个正在旋转的圆盘，阻止与之相连的发动机继续转动，这时另一个发动机的转动情况会发生怎样的变化呢？

①另一个发动机的转速不变。

②另一个发动机的转速会变快。

③另一个发动机会停下来。

如果强行让一个发动机停止转动，两个发动机之间电流的流动就会变得困难，而强行让两个发动机之间的电流流动的话，发动机会变热吧？在这个实验中，两个发动机是串联在一起的，所以当一个发动机停止转动时，电流也会难以通过另一个发动机吧。所以答案是③吧？

你的答案 [ ]

理由

大家想好了吗？
我们来实际操作一下吧！

另一个发动机的转速变快了。**答案是②**。

但是，为什么会这样呢？

其实，发动机本身也能发电。在这个实验中，发动机在电流的作用下开始转动，发动机……

你的想法（如何通过实验进行验证呢？）

大家是怎么想的呢？
我们一起看看大家的想法吧。

在解释与电流有关的现象时，几乎没有能用得上的日常生活经验。因此在思考产生这个实验现象的原因时，我们就需要利用学过的知识进行思考。接下来，我们先看看小学生们都是怎么想的吧。

芝原（小学生）的想法

假设两个发动机最开始各得到了50A的电流，当其中一个发动机停止转动后，另一个发动机上就有100A的电流通过，因此另一个发动机的转速会变快。

这位同学认为当一个发动机停止转动后，另一个发动机就会拥有两个发动机的能量，所以另一个发动机转得更快了。希望这位同学可以去验证一下事实是否真的如此。如果通过摩擦等方式减缓其中一个发动机的转速而不使其完全停止转动，那么，另一个发动机的转速会怎样变化呢？

我们姑且将芝原同学的想法称为“能量分配理论”吧。这个“理论”是不是说当一个发动机“辛苦地”（即消耗大量能量）转动时，另一个发动机的转速应该会变慢呢？

但是，由于两个发动机是串联的，通过它们的电流是相等的，因此有可能出现其中一个发动机消耗掉大量能量的情况吗？

央典（小学生）的想法

阻止发动机转动会导致电阻变大，因为停止转动的那个发动机的用电量减少，所以流向另一个发动机的电流会变大，发动机的转速也会随之变快。

这位小学生已经知道电阻了啊，真了不起！他认为发动机的电阻会因发动机的转速而发生变化。但是，两个发动机是串联的，当电阻变大时电流会变小，所以另一个发动机的转速应该变慢才对吧？

Melochin（大学生）的想法

两个发动机以串联的方式连接在一起。当用手阻止其中一个发动机转动时，这个发动机因转动而施加在电流上的阻力便消失了，通过发动机的电流变大了。因此，右边发动机的转速比左边发动机停止转动之前快了。

这位同学的观点也是基于电流的阻力。他认为阻止一个发动机转动后，施加在这个发动机上的阻力就消失了，通过另一个发动机的电流就会增多，因此转速也会加快。物理课上，我们应该都会学到这些知识。若要通过这个知识点来解释实验现象，则需要验证“发动机停止转动后电阻会变小”。希望大家可以亲自验证一下。

加号（小学生）的想法

我觉得发动机此时已经变成了发电机，当一个发动机停止转动后，它所产生的电就会加在另一个发动机上，因此，另一个发动机就转得更快了。

从实验结果反推原因的思考方式很不错。但是，这个解释中模糊不清的地方太多了，因此我们很难判断这个解释是否准确。希望这位同学在解释的时候可以更有逻辑性一些。“一个发动机停止转动后”与“它所产生的电就会加在另一个发动机上”是如何产生逻辑关系的呢？

樽酒（30多岁）的想法

我想到了弗莱明的左手定则。用手控制住左侧发动机的轴之后，电流与磁场产生的力便使不出来了。我本以为这个力会转变为热能，所以我以为右侧发动机的转速不会改变，但结果却不是这样。

这个实验中的发动机也是发电机，我记得自行车车灯的发电机利用的也是这个原理。但是，在电流已经通过发动机的状态下阻止发动机转动，还会产生电流和电压吗？为什么？我不太懂……

“电流与磁场产生的力便使不出来了”这句话运用了拟人的修辞手法，表述得很有意思。在这个实验中，发动机即使不转了，也依旧在推挤手指，所以力并非没有使出来。“发动机也是发电机”这句话我能够理解，但是，我们并不清楚发动机在这个实验中究竟起了什么作用，对此，我们感到很困惑。

限制电流的原因

就樽酒的想法而言，不弄清楚发动机所产生的电流是如何工作的，就无法将这个实验现象解释清楚。

让我们通过一个简单的实验来思考吧。将发动机与灯泡串联在一起，闭合回路后，灯泡的亮度会如何变化呢？

①会逐渐变亮。

②会逐渐变暗。

③无论有没有发动机，灯泡都会被点亮。

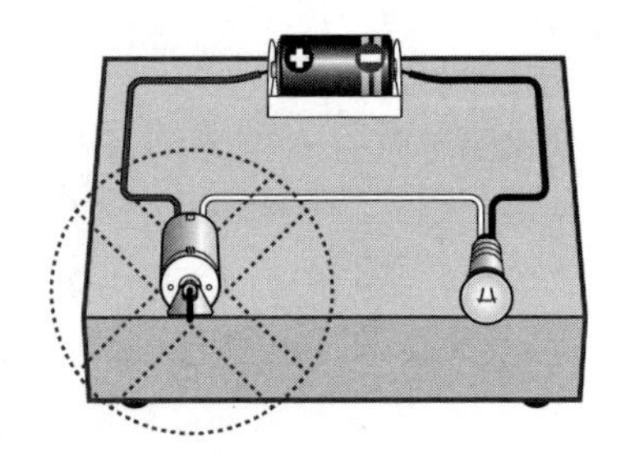

怎么样？通过这个实验，大家应该弄清楚发动机是怎样工作的了吧。这就是说……

电阻与电压、电流之间的关系，以及欧姆定律等物理知识对很多人来说都是比较深奥难懂的，因此，不难理解为什么有些人会不喜欢学物理。

在探究欧姆定律的实验中，人们发现当电压改变时电流也会发生改变，但二者的比值是固定的，即这是物体的固有属性。直到19世纪，人们才得知，除了长度、体积、质量、颜色等固有属性外，物体还具有电阻这一属性。自此之后，人们就可以通过计算来自由控制回路中的电流了。这是电流回路的基础。

电压的相关知识对一些同学而言比较难理解。使电流流动的力通常指电池的电动势，电动势关系到能量的供给。当电流通过电阻时，电阻两端会产生压降，压降关系到能量的消耗。电动势与压降之间的差异可以从顺着电流的方向看电压是上升（电动势）还是下降（压降）看出。如下图所示。

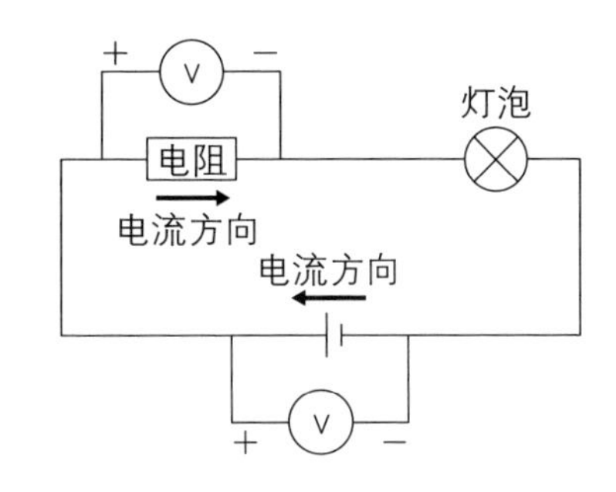

如果将上图中电路的电阻换成正极在左侧的电池，电流会如何变化呢？这与发动机又有什么关系呢？请大家思考一下！

请大家再深入思考一下：
电流真的是有什么东西通过吗？
看不出来导线中有空隙可供电流通过呀……

实验17
结果
大家的想法

两根蜡烛（二）

这次实验也会用到两根蜡烛。先点燃两根蜡烛，然后熄灭其中一根，结果，熄灭了的那根蜡烛冒出了白烟。

那么，问题来了！将还在燃烧的那根蜡烛的火焰迅速靠近白烟，会出现怎样的现象呢？

①已经熄灭的蜡烛重新被点燃了。
②燃烧的蜡烛熄灭了。
③燃烧的蜡烛熄灭了，已经熄灭的蜡烛重新被点燃了。

小时候，看老师做这个实验的时候，我就觉得很神奇，仿佛在看魔术表演。我觉得是燃烧的蜡烛的火焰转移到熄灭的蜡烛上了。虽然我也不知道为什么。答案是①吧？

你的答案

理由

大家想好了吗？
我们来实际操作一下吧！

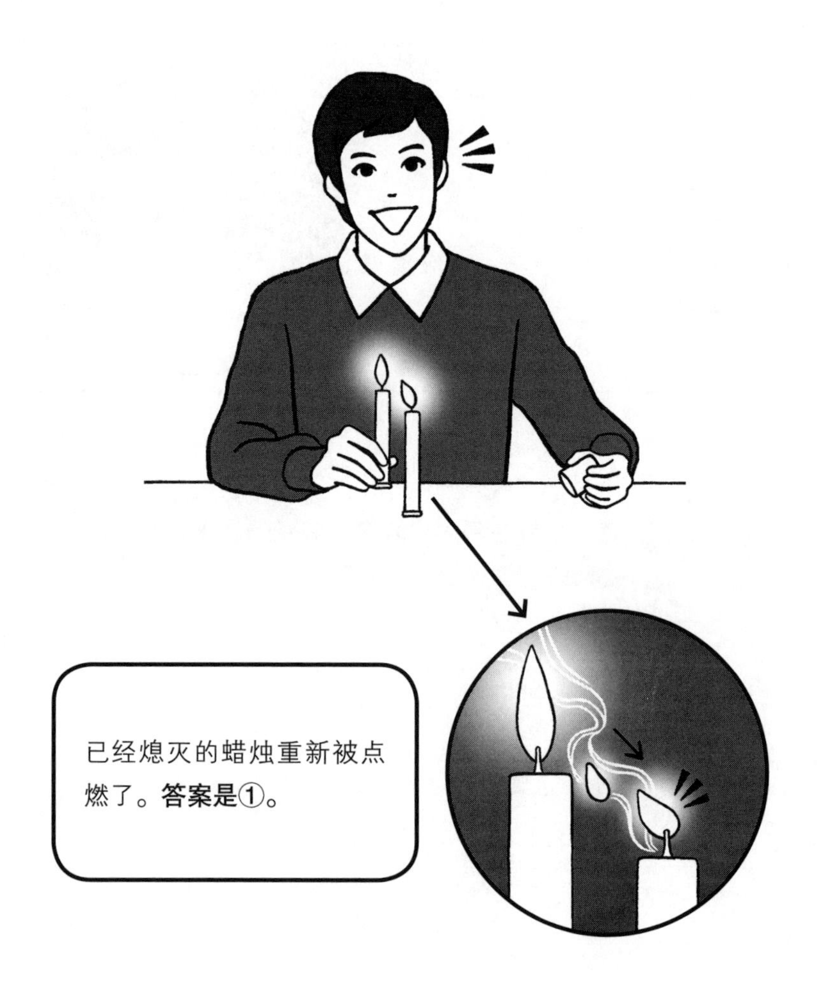
已经熄灭的蜡烛重新被点燃了。**答案是①。**

但是，为什么会这样呢？

蜡烛熄灭时，冒出了白烟。白烟中有蜡烛……

你的想法（如何通过实验进行验证呢？）

大家是怎么想的呢？
我们一起看看大家的想法吧。

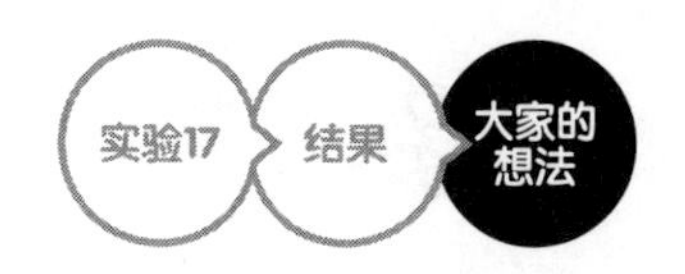

大家应该都知道这个现象。但是，我们不能只局限于知道现象，还应该去思考如何通过这个现象学习更多的知识。什么是燃烧？白烟是什么？我们一起来看看大家的想法吧！

山羊（小学生）的想法

我觉得白烟是变成了气体的蜡，是白烟点燃了已经熄灭的蜡烛吧。

山羊同学观察得很仔细啊。这位同学认为是蜡烛熄灭后冒出的白烟点燃了蜡烛。

但是，这位同学提到了“白烟是变成了气体的蜡”，白烟真的是白色的气体吗？我们知道，在现实生活中，人们凭借肉眼是无法看到水蒸气的，但是如果水变成由细小的液滴组成的热气，我们就能看到热气是白色的。

杏子&百合子（小学生）的想法

能够使蜡烛点燃的温度和充足的氧气是蜡烛燃烧的条件。我觉得熄灭的蜡烛冒出的白烟是变成气体的蜡。变成气体的蜡在充足的氧气环境下，接触到了另一根燃烧着的蜡烛的火焰，因此，是变成气体的蜡点燃了已经熄灭的蜡烛。

这位同学都运用了哪些理论知识来解释这个实验现象呢？燃烧的条件是温度、可燃物和氧气。已经熄灭的蜡烛之所以被重新点燃是因为在充足的氧气环境下，另一根燃烧着的蜡烛为其提供了可供燃烧的温度，而白烟是变成气体的蜡，是可燃物，因此，白烟将已经熄灭的蜡烛重新点燃了。杏子＆百合子同学，我的推测对吗？

但这个解释也仅仅是推测，我们应该如何验证这一推测是否正确呢?

小竹（大学生）的想法

蜡烛熄灭后产生的白烟是固态蜡烛加热后气化形成的气态蜡。也就是说，白烟遇到火等同于易燃的气态蜡遇到火。因此，之前已经熄灭的蜡烛冒出的白烟遇到火之后，火便顺着白烟转移至已经熄灭的蜡烛的烛心上，因此已经熄灭的蜡烛重新被点燃了。

看来大家都将关注的重点放在了已经熄灭的蜡烛冒出的白烟上。请大家认真探究一下白烟与熄灭的蜡烛重新被点燃是否有关。假如在不会产生白烟的条件下熄灭蜡烛，结果又会如何呢?只要弄清楚这种情况下蜡烛是否还会被点燃即可。

揭开白烟的真面目！

蜡烛燃烧的时候，我们看不到白烟。工厂和发电厂的烟囱里有时候会冒出白烟，其实这些白烟中大多数是热气，即由细小的液滴形成的现象。我们知道，火焰遇到水壶中冒出的热气会熄灭，那么，蜡烛熄灭时我们看到的白烟究竟是什么呢?

在这个实验中，很多人都提到白烟是“气态蜡”这个观点。烟里面有固体（或液体）粒子，这是烟可视部分的主要成分。有一些烟的粒子可以用观察细胞用的显微镜看到。

石蜡是普通蜡烛的主要成分，它在40℃~70℃时会变成液态石蜡，此时，如果继续加热，液态石蜡会在300℃~400℃时沸腾并变成气态石蜡。因此，熄灭的蜡烛产生的“气态蜡”在室温下迅速变成液体或固体粒子也不奇怪。

我们需要验证一下白烟究竟是不是“气态蜡”。

假如用熄灭的蚊香产生的烟做相同的实验，熄灭的蚊香也会被重新点燃吗?

请大家再深入思考一下：
蜡烛为什么一定要有烛心呢?

实验18
结果
大家的想法

旋转的车轮

这个实验会用到自行车车轮。将两根绳子分别系在车轮的车轴两端，将车轮悬挂在半空中。然后，用手转动车轮。

那么，问题来了！在车轮旋转的状态下，用剪刀剪断其中一根绳子，车轮会如何变化呢？

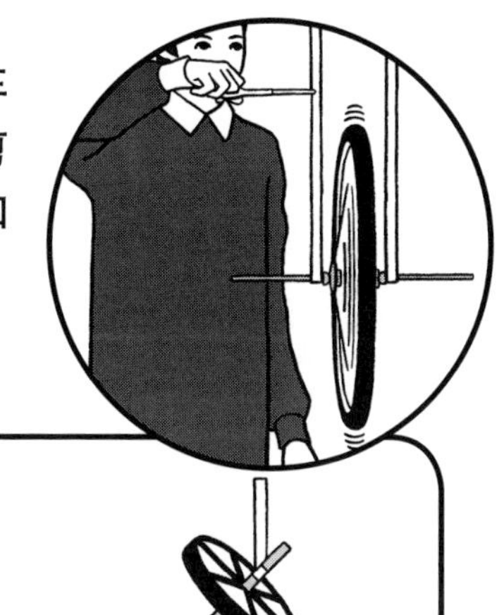

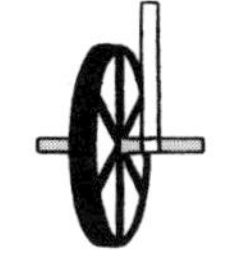

①会倒下呈水平状态。②不会倾斜。 ③会正好倾斜45° 角。

车轴两侧的绳子支撑着车轮的重力，剪断左侧的绳子后，作用于车轮的力就只剩下车轮自身的重力以及右侧绳子对车轮的拉力。两个力相平衡的条件是“方向相反、大小相等并且在同一条直线上”。很明显，此时车轮的重力与受到的拉力不在同一条直线上。所以，车轮会倾斜至重力与拉力位于同一条直线上，所以答案是①吧？

你的答案

理由

大家想好了吗？
我们来实际操作一下吧！

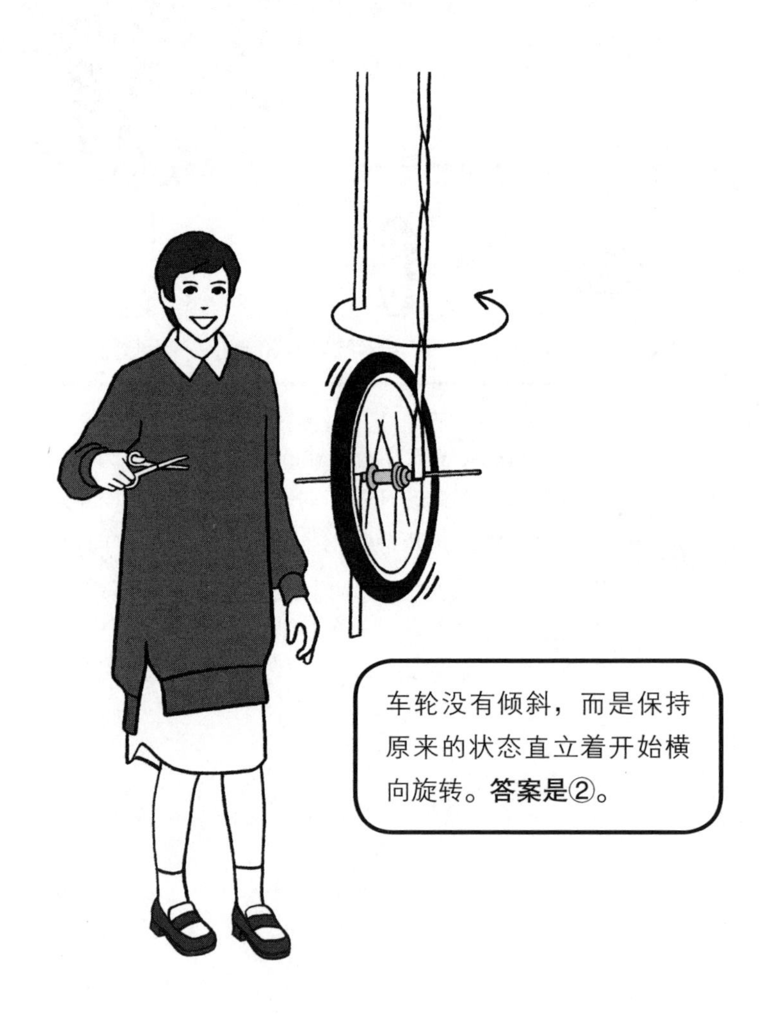
车轮没有倾斜，而是保持原来的状态直立着开始横向旋转。**答案是②。**

但是，为什么会这样呢？

剪断绳子后，车轮在重力的作用下想要倾斜。但是，当改变旋转轴朝向的力作用在旋转的物体上时，那个力……

你的想法（如何通过实验进行验证呢？）

大家是怎么想的呢？
我们一起看看大家的想法吧。

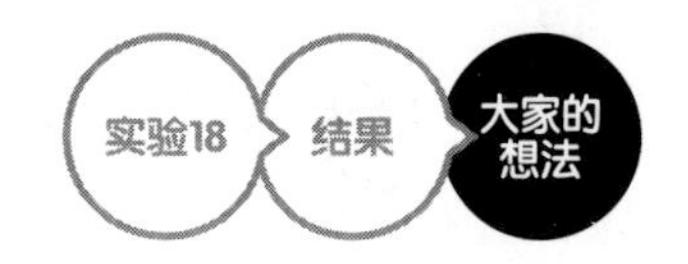

这个实验现象让我们想到了旋转的陀螺，陀螺旋转时也可以稳定地直立着。接下来，我们一起看看小学生们都是怎么想的。

夏树（小学生）的想法

将没有旋转的车轮立起来，车轮会马上倒下。但是，如果使车轮旋转起来，车轮居然就立住了。我觉得旋转的车轮之所以能保持直立，是因为车轮的转速很快。反过来，如果车轮的转速很慢，旋转的车轮应该会缓缓倒下去吧。

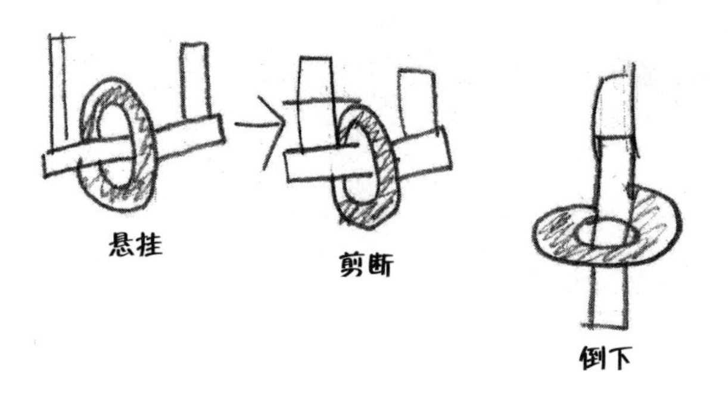

夏树同学对这个实验现象进行了解释。他认为车轮旋转的速度很重要。他的解释让我想到当陀螺的转速慢下来后，陀螺也会变得不稳定。那么，这位同学能否详细解释一下为什么车轮的转速变慢后，旋转的车轮会倒下呢？

当车轮的转速很快时，车轮就会立住，当车轮不转时，车轮就会倒下。假如车轮的转速逐渐变慢直至停止，那么车轮应该会倒下。这就意味着在转速逐渐变慢期间，车轮应该会缓缓倾斜。是这个意思吗？大家可以试试让车轮以不同的速度旋转，看看车轮是否会缓缓倾斜。

尤娜（小学生）的想法

我本以为剪断一根绳子之后，单凭另一根绳子是没办法让车轮保持直立的，所以车轮会倒下。但是我发现，平时骑自行车的时候，自行车车轮在旋转时能保持直立不倒。所以，我觉得车轮旋转就像是有风通过一样，是热力使车轮不倾斜。

根据亲身经历来思考问题，这个方法很好。很多不会骑自行车的人都会将骑自行车等同于耍杂技。的确，行进中的自行车即使人不在自行车上了，还是会稳定地前进一小段距离。看来我们有必要探究一下自行车的运动原理是否与这次实验的原理有关。我们该如何去探究呢？

话说回来，这位同学提到的“是热力使车轮不倾斜”是什么意思呢？我不是很明白……

以上跟大家分享的都是根据经验得来的想法。接下来，一起看看通过离心力的知识解释实验现象的朋友都是怎么说的吧。

小良（小学生）的想法

我认为是离心力在支撑车轮。车轮如果停下来就会倒下。

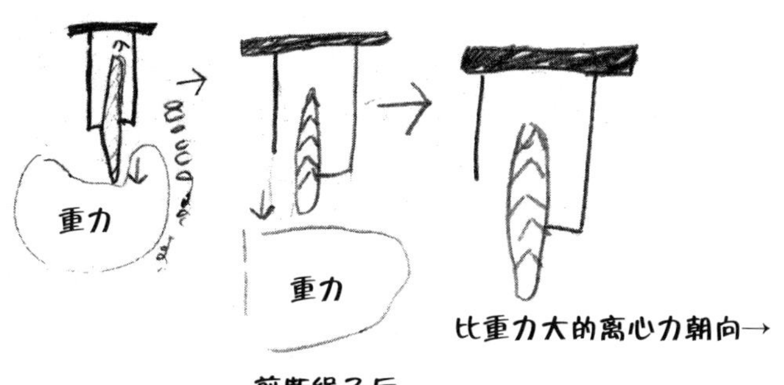

这位同学画了示意图，对实验现象进行了解释，这一点很不错。如果能用更浅显易懂的方式来解释就更好了。我帮这位同学整理了一下思路。

剪断一根绳子后，就需要一个能替代它去支持车轮重力的力。而当车轮不旋转时，车轮就会倒下。因此，这个支持力应该是旋转的物体特有的力。这个力就是离心力，即车轮是因为受到离心力的作用才没有倒下。是这个意思吧？

但是，什么是离心力呢？下面这位同学对离心力进行了说明。

小竹（大学生）的想法

车轮在车轴至轮胎的方向上，会受到离心力的作用。剪断连着车轮的一根绳子，车轮会受到促使它向剪断的绳子那边倾斜的重力的作用，但是当车轮转速很快时，作用在车轮上的离心力会大于车轮自身的重力，因此，即使剪断了一根绳子，车轮也没有倾斜。

小竹同学和小良同学的思路是一样的，从力的平衡出发联想到了离心力。小竹同学没有简单地提出离心力这个词，而是将离心力的知识运用在了对实验现象的解释上。这一点很不错。但是，既然“车轮在车轴至轮胎的方向上，会受到离心力的作用”，那么离心力便会作用在车轮的所有方向上，这个离心力能与竖直向下的重力相平衡吗？

大濑（小学生）的想法

大概就像陀螺一样吧。陀螺是因为回转的力而保持直立，所以我觉得车轮也是因为回转的力而保持直立。

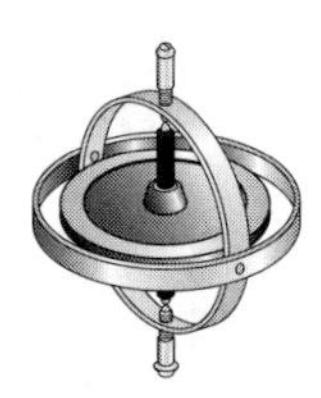

这位同学认为这个实验和陀螺保持直立的原理相同，这个类推很不错。大濑同学与小竹同学、小良同学的思路是相同的，他们都认为旋转的车轮上有能与重力相平衡的力。大濑同学用了“回转的力”来解释。

但是，“回转的力”到底是什么呢？

牛蒡（大学生）的想法

车轮因为回转的作用会产生惯性力，所以我本以为答案是③，车轮不会完全倒下，而是会倾斜，结果我想错了。

那么，我认为应该是因为车轮足够重，其惯性力大到足以与车轮的重力相抗衡，车轮才没有倾斜而是继续保持直立。

这位同学和大濑同学的思路一样，是想通过“惯性力”来补充说明“回转的力”吧？希望这位同学可以解释得更加详细一些。

技术屋K（50多岁）的想法

我觉得仅凭自己动脑思考来解释这个实验现象对大家来说有一些困难。这个实验和陀螺能保持直立不倒的道理是一样的，想要完全理解其中的奥秘其实还挺难的。

这个现象有个名字叫作“陀螺效应”。接下来，我试着粗略地跟大家解释一下。

运动的物体在不受外力作用的情况下会呈直线运动。假设笔直的棍子朝着轴线方向前进，其前进的方向随着轴线方向的改变而改变，那么就必须有力作用于棍子整体。棍子的质量越大、前进的速度越快，让棍子前进的力就越大。

如果将具有一定速度的笔直棍子弯曲成旋转的圆环，那么使旋转的圆环倾斜就相当于让具有一定速度的笔直棍子的前进方向随着棍子朝向的改变而改变。

因此，旋转的车轮（圆环和圆盘也一样）不会轻易改变朝向。

正如技术屋K所言，这个实验确实无法简单地通过几句话就解释清楚。技术屋K以改变质量大的棍子的运动方向为例，尝试对实验现象进行了解释，但是，大家还是不太明白吧……

不平衡也能处于稳定状态

从这次实验中，我们明白了：

①车轮不旋转时会倒下；

②车轮迅速旋转时不会倒下。

车轮保持稳定的静止状态需要考虑它的重力与受到的拉力的作用点，以及与这两个力相平衡的未知的力。这个力究竟是什么力呢？有人认为是“离心力”，有人认为是“回转的力”，还有的人认为是“惯性力”。但是，这个力是否存在其实还有待我们去探究。

除此之外，作用于车轮的力真的是平衡的吗？

让物体保持静止状态（平衡状态）需要受到的力满足如下条件：

①大小相等；

②方向相反；

③在同一条直线上。

车轮的重力与来自绳子的拉力可能满足条件①和条件②，但是并不满足条件③。大家会认为，要想满足这一条件，车轮必须像143页的选项①那样倒下才行吧。

当受力平衡时，物体会保持静止状态或匀速直线运动状态。剪断一根绳子之后，车轮会绕着轴心旋转，同时车轮整体会围着另一根绳子做绕圈运动。车轮的中心既没有静止也没有匀速直线运动。也就是说，作用在车轮上的力并不平衡。

但是车轮没有倾斜或倒下又说明车轮受到的力应该是平衡的，因此车轮的重力与受到的拉力应该在同一条直线上。这种想法其实就是让我们产生误解的源头。

再深入思考你就会发现，条件③未必适用于正在旋转的物体。

为什么车轮开始围着另一根绳子做绕圈运动了呢？为什么剪断一根绳子后，车轮不会倾斜或倒下呢？这两个问题仍未解决。大家有没有因此而产生想要学习更多知识的想法呢？

大家可以通过一个简单的游戏再重新思考一下这个实验。如右图所示，双手拿着风筝线，让其自然下垂，然后将一个锅盖的把手挂在下垂的风筝线上，使锅盖保持直立状态。用手转动锅盖，使锅盖以把手为中心点，在垂直平面内旋转。然后双手拽着风筝线上下拉动，此时，锅盖就会在旋转状态下保持稳定。这个只要稍加练习就能做到。

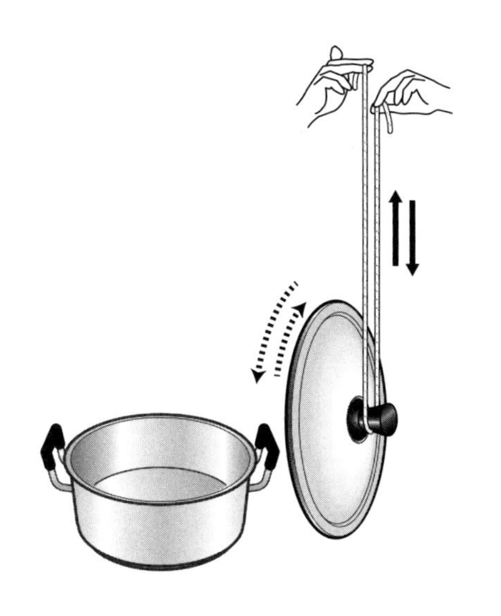

停止旋转后，锅盖会倒下。

要让锅盖保持稳定，必须片刻不停地旋转锅盖。保持稳定并不一定是指保持静止状态。

你的想法

请大家再深入思考一下：

离心力到底是什么？

磁铁与小铁球（二）

这个实验也会用到小铁球。如下图所示，让一个小铁球撞击一排小铁球时，另一端的那个小铁球会离开。

在这次实验中，我们把一个磁性很强的小磁铁球放在这排小铁球的一端，然后用一个小铁球从另一端撞击这排小球。结果小磁铁球没有动。这是因为小磁铁球有磁性，所以仍旧紧贴着小铁球。

那么，问题来了！这次，如果我们将小磁铁球放在与刚才位置相反的一端。然后用一个小铁球从与刚才相同的方向撞击这排小球，最左端的小铁球会如何变化呢？

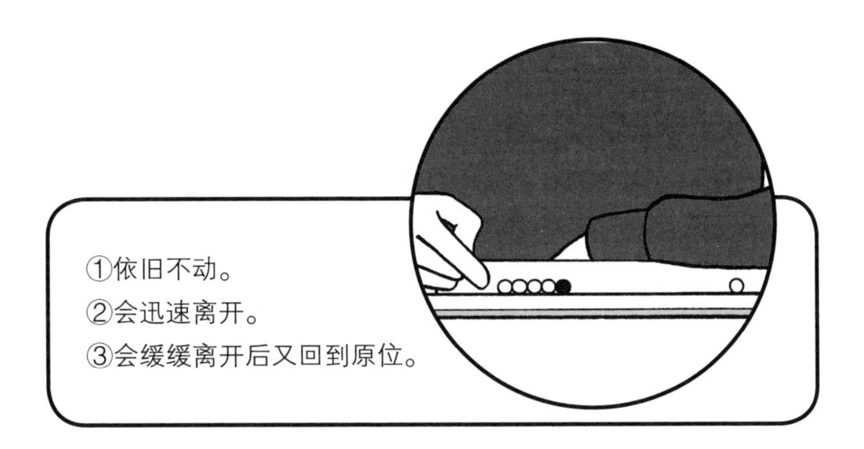

①依旧不动。

②会迅速离开。

③会缓缓离开后又回到原位。

就像实验7那样，小铁球在强力磁铁的作用下会变得有磁性，所以这些小铁球应该紧贴在一起不动吧。答案是①吧？

你的答案

理由

大家想好了吗？

我们来实际操作一下吧！

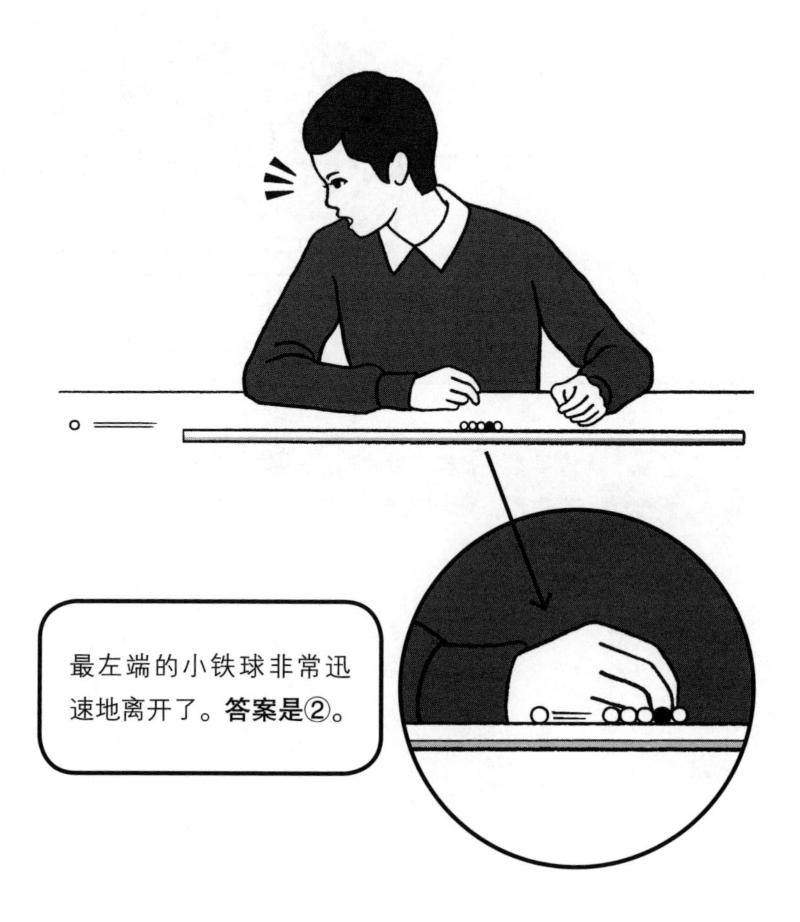
最左端的小铁球非常迅速地离开了。答案是②。

但是，为什么会这样呢？

小磁铁球有磁力，会吸引小铁球。将小磁铁球置于左侧时，小铁球……

你的想法（如何通过实验进行验证呢？）

大家是怎么想的呢？
我们一起看看大家的想法吧。

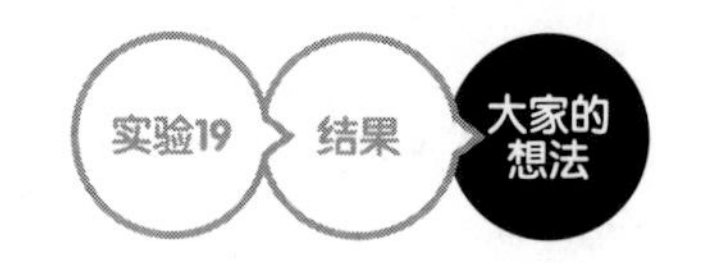

想要搞明白为什么是这个结果，我们必须先思考在一开始没有小磁铁球时，最左端的小铁球为什么会离开。我相信将这个问题弄清楚，会对我们思考之后的实验为什么是那个结果有很大的帮助。我们先来看看大家的想法吧。

竹笋（30多岁）的想法

我最初是这样想的："最左端的小铁球被很强的力弹开了。这个力应该是磁力相斥而产生的吧。用一个小铁球从右边撞击这排小球，当主动撞击的小铁球与小磁铁球接触后，这个小铁球左侧的4个小球的极性会瞬间反转，只有最左端的小铁球由于其左边没有其他小铁球，极性无法反转，因此被斥力给弹走了。"

不过，关于小球的极性为什么会瞬间反转，目前我还想不到合理的解释。

这位同学认为"最左端的小铁球由于其左边没有其他小铁球，极性无法反转"。边上的小铁球与其他小铁球所处的位置情况不同，这一点我是认同的。他还提出了"这个力应该是磁力相斥而产生的"这一大胆假说。如何才能验证这一假说呢？大家可以试试在成排的小铁球中间放入塑料弹珠之类的无法变得有磁性的小球，看看最左端的小铁球还会不会被弹走。

小林（小学生）的想法

最左端的小铁球朝向小磁铁球的这一边突然变成了S极，所以突然相斥，迅速离开了。想要证明这一点，可以在小磁铁球周围放几个指南针，看看小铁球是在哪里变成了S极。

这位同学与竹笋同学一样，都认为是极性反转使最左端的小铁球迅速离开了。但是小林同学还提出了验证假说的方法，这一点很不错。但是，小铁球撞击只是一瞬间的事情，所以，我很担心指南针能否反应过来。

撞击现象

有两个质量、材质、大小都相同的小铁球。小铁球B以速度v去撞击静止在地板上的小铁球A，如图①所示。撞击动作发生之后，小铁球A以速度v开始运动，小铁球B静止。我们发现，小铁球A与小铁球B的速度正好交换了。大家先试着说明一下原因吧。

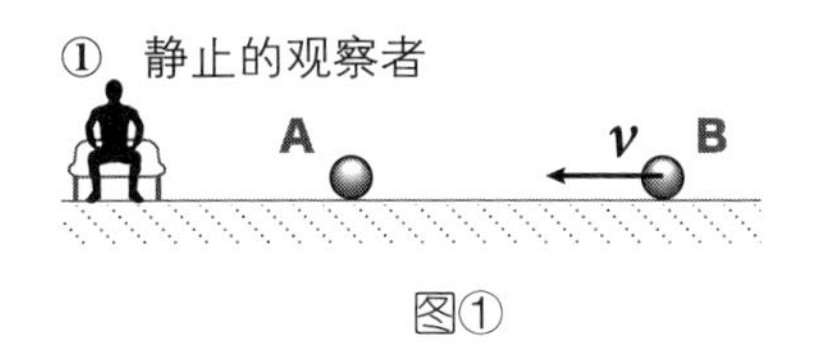

图①

假设观察者C以$v/2$的速度与小铁球B同向运动，那么，在观察者C看来，小铁球A和小铁球B均在以$v/2$的速度朝着对方撞击，如图②所示。

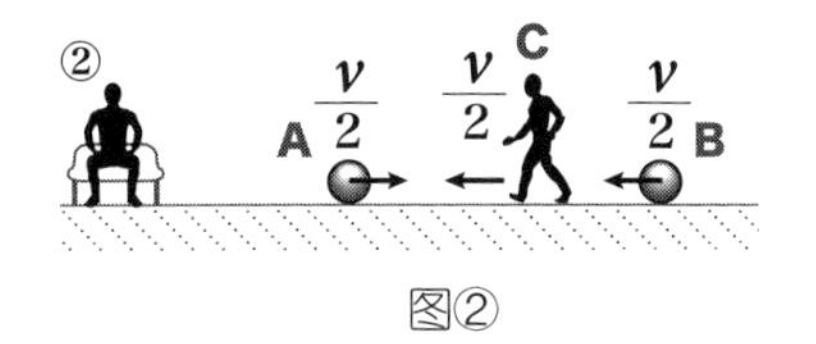

图②

小铁球A和小铁球B除了运动方向相反外，其他条件都一样，因此当二者发生撞击后，小铁球A和小铁球B将分别以$v/2$的速度朝着与之前运动方向相反的方向运动，如图③所示。

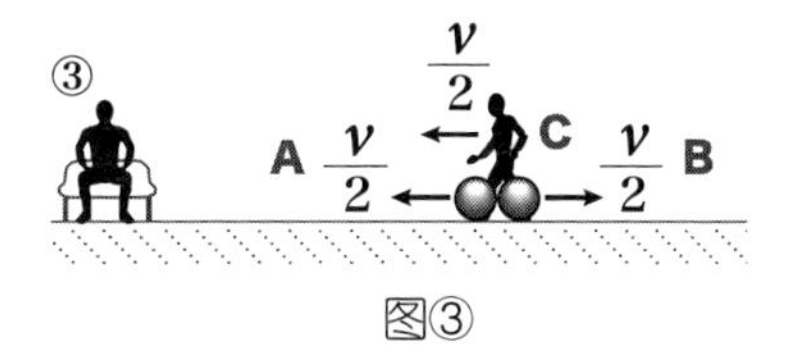

图③

运动的物体如果速度加快了，那么，物体的动能就会增加，反之亦然。而从静止的观察者的角度看，小铁球A是以速度v朝着小铁球B之前的运动方向向前运动的，而此时小铁球B是静止的，即小铁球A与小铁球B交换了速度，如图④所示。

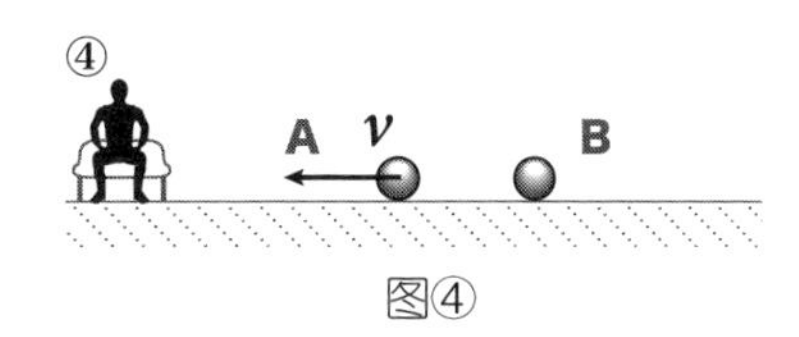

图④

将多个同样的小铁球并排摆在一条直线上，然后用一个小铁球去撞击这排小铁球，小铁球们就会在瞬间接连发生像上面那样的速度交换。最后，最左端的小铁球离开，撞击现象结束，如图⑤所示。

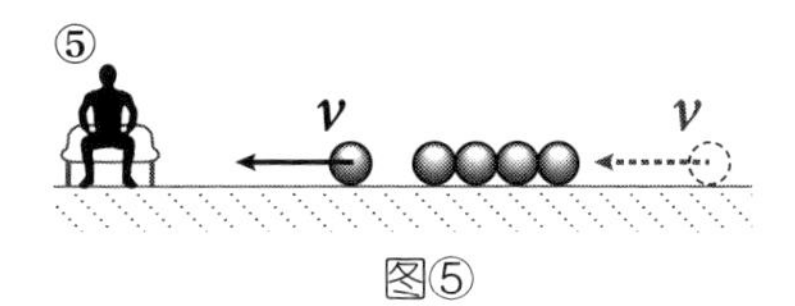

图⑤

大家明白了吗？一起预测一下下面这个实验的结果吧！

将5枚硬币并排摆放在光滑的桌面上，然后每次分别从右端取1枚、2枚、3枚、4枚硬币去撞击剩下的硬币。每次会有几枚硬币离开呢？请大家运用刚才的方法进行思考并说明原因。下图是用2枚硬币撞击剩下的3枚硬币的示例。

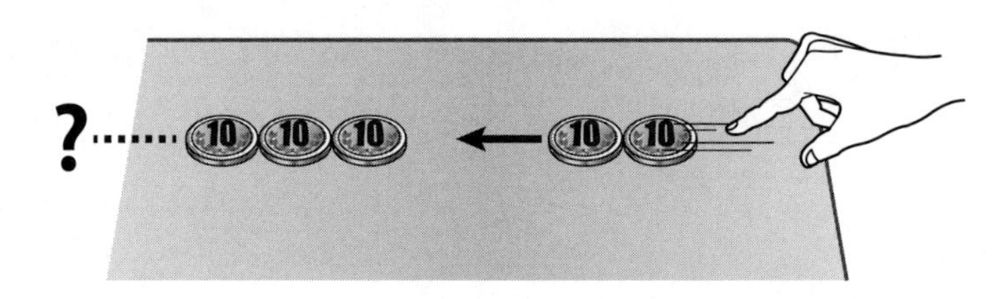

接下来，用胶水将右端的2枚硬币并排粘在一起，再去撞击剩下的3枚硬币，结果会如何呢？另外，如果将2枚用来撞击的硬币上下叠置，粘在一起，再去撞击剩下的3枚硬币，结果又会如何呢？

※做这个实验时，不要使用真实的货币哦。

大竹（小学生）的想法

小磁铁球施加的力与手的推力加在一起后，作用在最左端小铁球上的力很大，因此小铁球迅速离开了。

这位同学提出了小铁球在被猛烈地撞击后也会迅速地离开的假说。小铁球被手推动后又受到小磁铁球的吸引，因此撞击速度变大了。对于这个假说，我们可以通过比较实验即实验中有无小磁铁球进行验证。一起动手做一做吧。

但是，离开的小铁球不会再被小磁铁球吸回来吗？

接下来的这位小学生提出了一个验证实验。

中村（小学生）的想法

小铁球因受到与吸引力的方向相反的力而离开，有小磁铁球时那个力更大。我们可以做下面两个验证实验。

（1）准备一条很长的轨道，改变主动撞击的小铁球与小磁铁球的距离，然后测量最左端离开的小铁球移动的距离。

（2）准备一条很长的轨道，增加小磁铁球的数量，测量离开的小铁球移动的距离。

通过测量离开的小铁球实际移动的距离来验证假说，而不是凭感觉猜测，这一点很好。这位同学是想通过离开的小铁球移动的距离来估算其离开的速度吧？是因为手边没有可以直接观察的工具，所以才选择了测量离开的小铁球移动的距离吗？其实，我们可以将后半截轨道做成坡道，然后比较小铁球上升的高度，这样也可以测量离开的小铁球的速度。

但是，这位同学并没有明确指出这个实验是为了验证什么。在提到"有小磁铁球时那个力更大"之后，应该得出"因此，小磁铁球的磁性越强，离开的小铁球的速度就应该越快"之类的结论。可能这位同学心里也是这么想的，所以说如何将自己的想法准确地表达出来也很重要。

雅纪（30多岁）的想法

主动撞击的小铁球在即将接触到小磁铁球之前，就受到了小磁铁球的吸引力，此时，主动撞击的小铁球的速度就会加快，因此最左端的小铁球会以加速后的速度迅速离开。

原来如此。但是，最左端的小铁球离开之后，主动撞击小磁铁球的小铁球在加速之后就不减速了吗？

AIBON（大学生）的想法

把小磁铁球置于最左端时，即使受到小铁球的撞击，磁力也远大于小铁球的撞击力，因此小磁铁球没有移动。但当把小磁铁球置于最右端时，小磁铁球吸引小铁球，主动撞击的小铁球会以比之前更快的速度撞击小磁铁球。因此，最左端的小铁球受到的撞击力大于小磁铁球对它的吸引力，因此，最左端的小铁球会迅速离开。

简单来说，最左端的小铁球迅速离开就是一个撞击和分离守恒的结果。我也认可这一假说。希望大家可以验证一下。

下面这位技术屋K对这个实验现象进行了详细解释和说明，并且还为我们提供了验证假说的思路。

技术屋K（50多岁）的想法

当小磁铁球位于这排小铁球最左端的时候，小磁铁球将小铁球们集中在了一起，相当于小磁铁球与其他小铁球变成了一个整体，当主动撞击的小铁球撞到小磁铁球时，就会因摩擦阻力立刻停止运动。这种撞击现象在生活中十分常见。

其实小磁铁球和这排小铁球的情况一样，在某一瞬间也离开了，只是由于自身磁力较强，又被撞击过来的小铁球吸回原位了。

当将小磁铁球置于另一端（右端）时，情况便不同了。由于小磁铁球的磁力远大于小铁球撞过来的力，因此撞过来的小铁球会被小磁铁球吸引而加速，然后猛烈地撞击小磁铁球。因为最左端的小铁球没有磁性，所以只要有一瞬间离开了旁边的小铁球，就再也回不到原位了。

其实，这与磁力势能有关。与重力一样，磁力也有势能。用机械能去思考的话，可以理解为磁力势能给了离开的小铁球一个很快的速度。当小磁铁球像“○○○●○○○”这样位于中心位置时，势能最小，而当小磁铁球像“○○○○●○　←○”这样，位于中心位置靠右时，最左端的小铁球离开时的速度也比小磁铁球位于最右端的时候要慢。

这就像在地球上挖一个很深很深的洞，当挖到地球的中心位置时，向洞里扔一个物体，物体便没有势能了一样。

总结得非常好。从能量这个角度去解释也非常有意思。原来弄清楚撞击与分离过程，只需验证“作用于离小磁铁球远的小铁球上的磁力较小”就可以了。如果就像技术屋K说的那样，在地球上挖一个很深很深的洞，然后在里面按照“○○○○●○”的顺序摆放小铁球，假设●位于中心位置，但是●与其他小球一样都是小铁球。当一个○自地球表面下落时，最下边的○会高于地球表面吗?

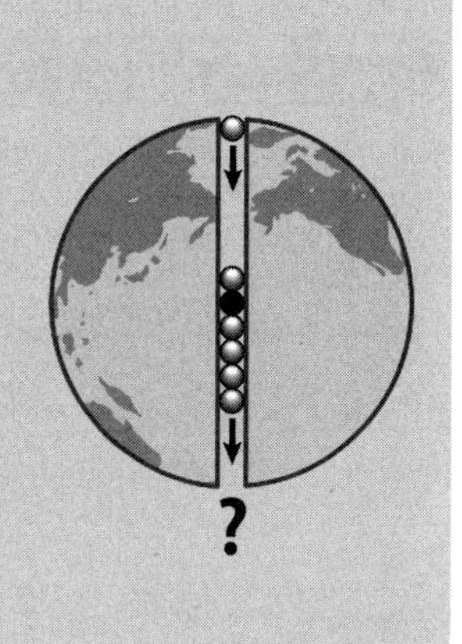

你的想法

请大家再深入思考一下：
小铁球与小铁球相撞后为什么会弹回呢？

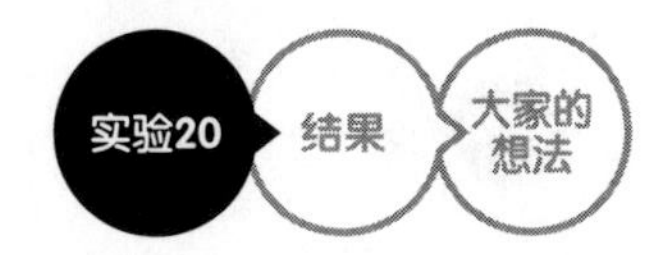
实验20
结果
大家的想法

托盘与气球（二）

这个实验是实验2的追加实验。这次，我们使用的是充了氦气的气球。氦气比空气轻，松手后氦气球会飘起来。

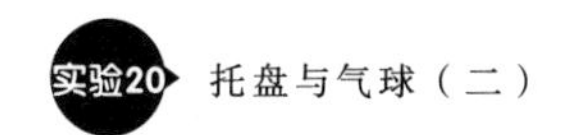

那么，问题来了！将氦气球置于托盘上，用一只手托住托盘，用另一只手按住气球。松开双手，任由托盘下落，气球会如何变化呢？

①气球会直接飘起来。

②气球会先静止在原地，随后飘起来。

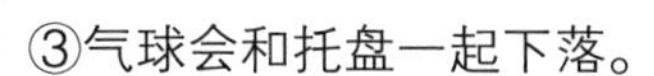
③气球会和托盘一起下落。

松开托盘和气球之前，手要一直按着气球，这样气球才不会飞走。所以答案只能是①吧？

你的答案

理由

大家想好了吗？
我们来实际操作一下吧！

实验20
结果
大家的想法

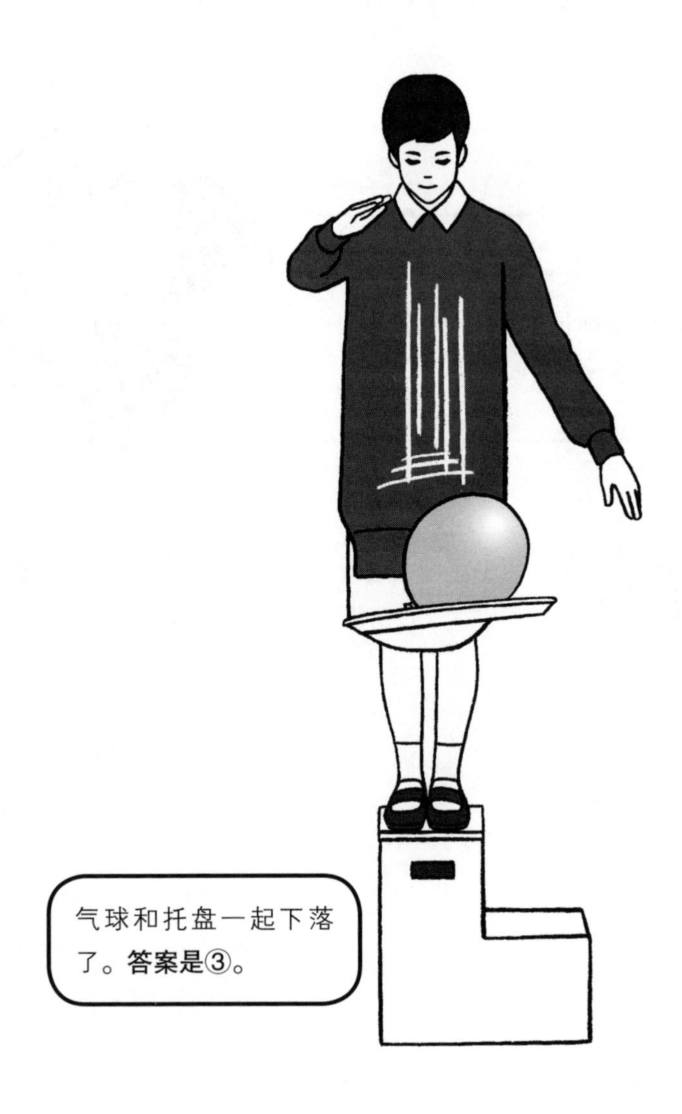
气球和托盘一起下落了。答案是③。

但是，为什么会这样呢？

下落时，托盘相当于一堵墙，会减少空气对气球的阻力。托盘与气球之间的空气……

你的想法（如何通过实验进行验证呢？）

大家是怎么想的呢？
我们一起看看大家的想法吧。

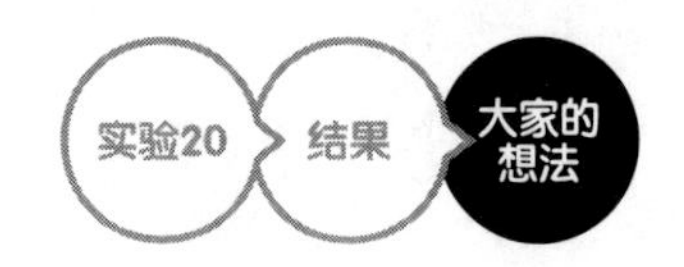

怎么会这样?！在实验2中，我们不是已经解释过这个现象了吗？想必很多人会产生这样的想法吧？

晴也（小学生）的想法

托盘与气球下落时，托盘就相当于一堵墙，挡住了下方与氦气球接触的空气，此时，氦气变得更重了。

这位同学认为氦气球之所以能飘起来，是因为空气从下方支撑着氦气球。当托盘和气球一起下落时，托盘将下方作用在氦气球上的空气挡住了，这或许与浮力的原理很相似。但是“氦气变得更重了”是什么意思呢？比什么更重了呢？

下面这位朋友认为是托盘下落时形成的“旋涡”使气球与托盘同时下落。我们一起来看看吧！

阿山（40多岁）的想法

将充满空气的气球换成充满氦气的气球后，再进行与实验2相同的实验，气球还是和托盘一起下落了。这个结果令我稍感惊讶。我认为在这次实验中，气球和托盘一起下落是因为位于托盘上的气球没有受到空气的阻力，但实际上原因肯定不仅于此，在托盘和气球一起下落时，似乎还发生了其他使气球快速下落的事情。

像托盘这种形状的物体在空气中移动时，物体下方的空气无法沿着物体表面绕到物体内侧，而是会在物体边缘处脱离物体，并在物体经过的空间里形成旋涡，这种现象叫边界层分离现象，如右页的图所示。形成的旋涡自托盘经过的空间边缘向托盘内侧倒流，所以就会向下挤压托盘上的气球。我是这样理解的。

验证这一假说最好的办法是做实验，使空气的流动清晰可见，但是这个实验实现起来很难。托盘在下落过程中，形成了旋涡，随后气球被旋涡拉入，然后开始向下运动，那么，托盘向下运动与气球向下运动之间应该会有先后吧？在刚刚松手的时候，托盘与气球应该不是作为一个整体一起运动。此外，托盘在下落的过程中会抛下之前所形成的旋涡并接连不断地使空气中形成新的旋涡。这样说来，将气球向下拉的力并非固定不变，气球也应该会忽强忽弱地波动。

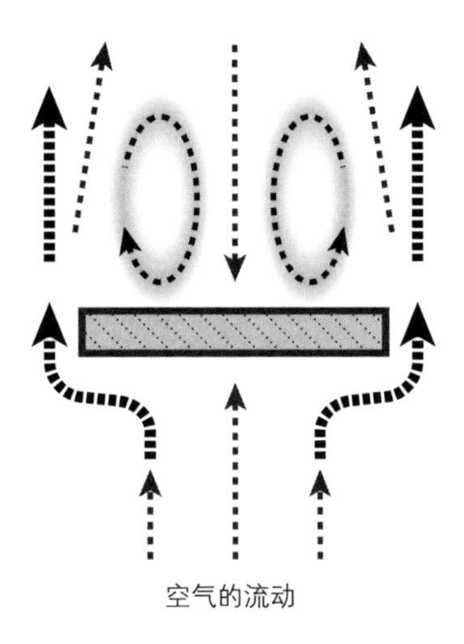
空气的流动

通过结果推测现象发生的过程，并为了验证推测是否准确而建立一个假说，这一点很不错。但是，上文中提到了“气球被旋涡拉入，然后开始向下运动”，那么，旋涡是在哪里出现的呢？这个旋涡将气球拉入又是怎样的情形呢？旋涡是如何形成的呢？是旋涡的存在本身重要，还是形成旋涡的原因更重要呢？

雅纪（30多岁）的想法

在最初下落的那一小段距离里，托盘与气球之间的空气比较稀薄，因此，会更容易吸引周围的气体。由于比周围空气轻的氦气更容易受到空气稀薄部分的吸引，因此气球与托盘一起下落。

雅纪的想法和晴也的想法相似，如果气球周围的空气流入“空气稀薄部分”形成旋涡的话，又和阿山的想法很相似吧？无论哪一种想法正确，产生这一现象的原因都在于空气浓度的差异。

但是，“比周围空气轻的氦气更容易受到空气稀薄部分的吸引”这句话我不是很理解。希望这位朋友能够解释得更详细一些。

胡子（20多岁）的想法

①托盘下落时，位于托盘下方的空气被推挤到了托盘外侧；②由于托盘下方的空气受到了推挤，所以托盘上方的气压降低；③周围的空气流入气压较低的托盘上方；④氦气球无法逆着空气流动的方向运动，被压在了托盘上；⑤总体看上去托盘和气球像是同时下落。

对实验现象的过程进行逐条解释，非常清晰。但是，希望这位朋友可以更详细地说明一下①到②之间的过程。通过③④的描述，我们知道，胡子认为流入低压部分的空气压住了气球。如此看来，便不会有空气时而流入时而不流入这样的现象循环反复出现了吧？⑤和阿山的想法一样，认为气球相较于托盘会稍稍延迟一点儿再下落。

丽莎（高中生）的想法

由于托盘对气球而言，起到了相当于墙壁的作用，所以气球只受到来自上方的空气压力。因此，气球被来自上方的气压压住，和托盘一起下落了。

气球受到的力只有自身的重力与来自空气的压力，因此丽莎同学想到了是不是由于气球上下方的压力差导致了这一结果。这似乎和晴也同学的想法很相似。希望可以更加详细地解释一下“由于托盘对气球而言，起到了相当于墙壁的作用”这句话。

但是，假如“气球只受到来自上方的空气压力”，那么，这个气球应该相当于受到了承载数百千克物体的力，此时气球会瞬间被压爆吧？

关于气压

大气压的压强非常大，相当于每平方厘米上承载着1千克的物体。大气中的物体受到来自各个方向的大小相同的大气压，因此物体不会被大气压压垮。但是，像吸盘之类的物体，当将空气挤出并与冰箱门紧贴在一起后，就只受到来自一个方向的大气压了，于是吸盘便被强有力地按在了冰箱门上。这个力越大，吸盘与冰箱门之间的静摩擦力也就越大。

用某种方法让大气的压力产生压力差时，便会产生作用力。当面积足够大时，即使压力差很小也会有很大的作用力。

首先，将软管插在一个大垃圾袋中，然后用胶带封住垃圾袋，使垃圾袋中的空气只能通过软管出去。然后，将装有少量空气的垃圾袋放在平坦的地板上，并在垃圾袋上面摆放一张三合板或硬纸板，自己坐上去。最后，请用嘴对着软管吹气，此时，你发现自己上升了。

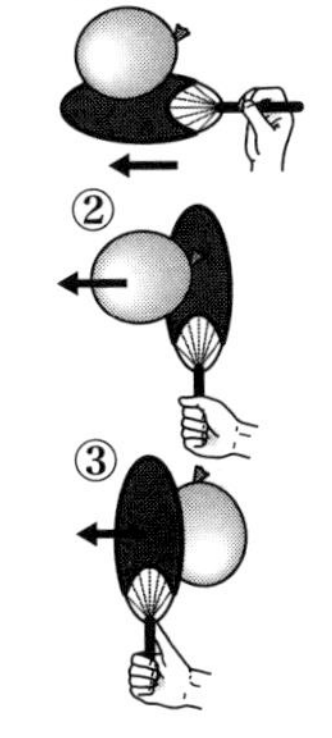

接下来，请大家看看下面哪种方法能更轻松搬运气球呢？

①将团扇平放，把气球放在团扇上搬运。

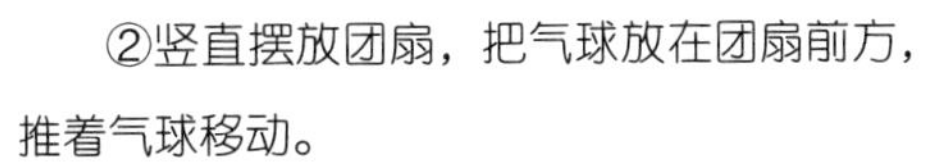

②竖直摆放团扇，把气球放在团扇前方，推着气球移动。

③竖直摆放团扇，把气球放在团扇后方，拉着气球移动。

虽然我们一直生活在很强的大气压中，但是大气压对我们而言就像空气，我们几乎无法察觉到它的存在。

请大家再深入思考一下：
较轻的气体和较重的气体有什么不同呢？

专家寄语

科学思考的正确打开方式

太阳为什么东升西落？因为地球围绕着太阳自西向东自转。海水为什么不易结冰？因为海水里盐多。这些问题的答案，我们都能脱口而出。可是，如果有人问："你是怎么知道这个答案的？为什么你认为这个答案是正确的呢？"我相信很多人会回答："因为老师就是这样告诉我的，书上也是这么写的。"

"怎么知道……""为什么……"科学家们正是通过这样思考，才搞懂了许多自然现象产生的原因，从而促进了科学的发展。为什么我们不会这样思考呢？

从小，老师和家长就告诉我们"要多思考，脑子越用越活"。可是，从来没有人告诉我们该怎么思考。现在，很多科普节目能把科学知识讲解得通俗易懂，大量的图书会指导我们自己动手做实验，帮助我们学习科学知识。长此以往，我们不再去思考了。可如果没有体验过寻找答案的过程，我们是不可能学会思考的。

一次偶然的机会，我看了日本NHK电视台的节目《像乌鸦一样思考》。这个节目的名字让我想到了乌鸦喝水的故事。乌鸦最终喝到了瓶中的水，靠的不是现成的答案，而是自己的思考。这档节目是要观众把自己当成一只乌鸦，像乌鸦一样思考吗？看完这个节目后，我有以下几个感受。

一是我感到很有趣，因为我在节目中看到了一些有趣的现象。例如，用吹风机斜着吹气球，气球能飘浮在空中。二是我感到很困惑，因为我的猜测和实际发生的现象完全不一样，我很想知道究竟是怎么回事。例如，用容器罩住两根长短不同的蜡烛，我以为短蜡烛会先熄灭，可实际上长蜡烛先熄灭。三是有时候我感到很烦躁，因为每当节目要告诉观众答案的时候，都突然让我们自己思考。

这个节目其实就是要唤起我们探索科学的好奇心，让我们体验特别想知道而又不知道的“不爽”的感觉。

我特别开心地看到，日本NHK出版社把节目的部分内容整理后以图书的形式出版了，现在，又有了你手中的这本中文版图书。看了这本书后，你一定会抓耳挠腮、欲罢不能，你也一定会体验到比看节目时还要强烈的“不爽”的感觉——特别想知道而又不知道，以为马上要知道了，可再一想还是不知道……

这本书到底讲了怎样的内容呢？接下来，请认真阅读这本书，并动脑思考一下吧！今后，我们都是爱思考的乌鸦。

马冠中
香港大学科学教育与学习科学博士
南京大学教育研究院·陶行知教师教育学院教师

后 记

从“不可思议”到科学的思考方式

《像乌鸦一样思考》这本书中的实验结果大多会动摇我们一直以来坚信的常识壁垒，因为这些实验结果我们很难通过常识推导出来。不受常识束缚的小学生们的想法常常让我们感到惊讶。与此同时，我也告诉自己，凡事不能太拘泥于标准答案。对具有丰富常识，或者说对事物的理解相对深入的大人们而言，孩子们的想法反而显得十分新鲜和有趣。我也深刻感受到大人们用自己所拥有的知识建立了一个名为常识的壁垒，这个壁垒使他们的世界变得越来越小。事实上，常识在大多数情况下都是有适用条件的。然而大人们却常常因为一些东西是常识，就不去对它们的适用条件进行判断。

孩子们的逻辑性同样让我感到惊讶。虽然孩子们的表达能力尚显稚嫩，但我却从他们的语言中感受到了他们的逻辑性。孩子们在以自己的方式去努力尝试将事情讲得更合乎逻辑。

在学习的过程中我们一直在追求正确答案。在课堂上，能够针对老师提出的问题给出正确答案，就会得到老师的表扬。在升学考试时，能够写出试题的正确答案，我们就能顺利地考上理想的学校。为了解决工作中的某个难题，提出项目方案，可能会受到领导的赏识。可正确答案究竟是什么呢？生活中所谓的正确答案对你来说也是正确答案吗？有绝对正确的答案吗？

在学校教育中，我们遇到的问题，大多数是有唯一正确答案的问题。尤其是在入学考试中，绝大多数试题的答案都是唯一的。因此，学生们就养成了找出出题人所期待的正确答案的习惯。即使有些老师鼓励学生们对问题进行深入思考，但是，最终依旧会演变成“所以，答案是什么呢？快告诉我答案”这样的结果。但是，对生活中物理现象（现实社会生活中的其他现象也一样）的理解，只不过是在某一特定条件下我们对其进行了一番解释而已。

《像乌鸦一样思考》所追求的不是去猜测“权威人士认为的正确答案”，而是让你从实验结果出发，搜集信息、构建假说、进行推理，再向他人进行解释和说明。这个假说正确与否，自然界会给出答案。

比如实验1，亲自动手做过实验之后，我们就会知道实验结果还会因容器的大小不同而有所不同。在这个实验中，连实验条件都没有给出，怎么会有正确答案呢？我们要想真正解决问题，在思考时就必须将设定好的条件也考虑进去。因为充分理解初始条件有助于我们科学地思考问题。当你所期待的答案与结果不同时，只要将初始条件重新思考一番，或许你就会豁然开朗。

什么事先准备（期待）的正确答案，都滚一边去吧！

请原谅我们的粗鲁!

在自然科学领域，应当解决的问题及其正确答案，并不在书中和权威人士的心中。你要学着去解释自然界中的现象。

希望大家都有一双洞察不可思议现象的眼睛并掌握科学探究的方法。

当你感到不可思议的时候，
科学就在你的心里发了芽；
当你深入探究现象形成的原因的时候，
科学便长出了茎叶；
当你最终揭开现象神秘的面纱的时候，
科学便开出了娇艳的花。

能够对事物保持好奇的感性在任何时候都很重要，这不仅限于科学领域。但是，培养这种感性极其困难。优美的音乐能够打动人心，美丽的名画能令人感动和陶醉。既然这些感性都能够培养出来，那么，科学之芽也一定可以培育出来。我们创作这本书，何尝不是对培养感性的一次尝试呢？能够对事物葆有好奇心本身就十分有价值，世界上并没有所谓的权威人士可以告诉你一切事物的正确答案，你要自己去找解决问题的方法。

如果有孩子对你说，他对某个现象很好奇，请你一定要表扬这个孩子。然后一定要问孩子为什么会发生这样的现象，让孩子来告诉你原因。孩子一定会非常努力地向你解释。对于孩子逻辑上的不足和跳跃，也请一定要让孩子自己尝试做进一步的解释。还要让孩子亲自去确认（验证）自己的解释是否正确。我们相信，长此以往，科学便会在孩子们心中发芽，孩子们也一定可以掌握更多的知识，并习得科学的思考方式。

只要那个答案自己没有认同，它便不是正确答案。让我们一起去寻找真正的正确答案吧！

《像乌鸦一样思考》节目组

著作权合同登记号　图字：01-2021-0321

图书在版编目（CIP）数据

像乌鸦一样思考 / 日本NHK电视台《像乌鸦一样思考》节目组编著；汪婷译. —北京：北京科学技术出版社，2021.7（2024.7重印）
ISBN 978-7-5714-1091-9

Ⅰ.①像…　Ⅱ.①日…②汪…　Ⅲ.①物理学-实验-普及读物　Ⅳ.①O4-33

中国版本图书馆CIP数据核字(2021)第000223号

策划编辑：张心然　石　婧
责任编辑：王　筝
营销编辑：王　梓
图文制作：品欣工作室
责任印制：吕　越
出 版 人：曾庆宇
出版发行：北京科学技术出版社
社　　址：北京西直门南大街16号
邮政编码：100035
电　　话：0086-10-66135495（总编室）
0086-10-66113227（发行部）
网　　址：www.bkydw.cn
印　　刷：河北鑫兆源印刷有限公司
开　　本：720 mm × 1000 mm　1/16
字　　数：157千字
印　　张：11
版　　次：2021年7月第1版
印　　次：2024年7月第8次印刷
ISBN 978-7-5714-1091-9

定　　价：69.00元